W0085661

Lean Administration - Schritt für Schritt

Kathrin Saheb

Kathrin Saheb

Lean Administration - Schritt für Schritt

Ein praktischer Leitfaden zur Umsetzung der
Lean Erfolgsprinzipien in indirekten Unternehmensbereichen
und Serviceorganisationen
Band 1: Die Analyse

SHAKER™
media

Bibliografische Information der Deutschen Nationalbibliothek
Die Deutsche Nationalbibliothek verzeichnet diese Publikation in der
Deutschen Nationalbibliografie; detaillierte bibliografische Daten sind im Internet
über http://dnb.d-nb.de abrufbar.

Copyright Shaker Media 2014
Alle Rechte, auch das des auszugsweisen Nachdruckes, der auszugsweisen
oder vollständigen Wiedergabe, der Speicherung in Datenverarbeitungsanlagen
und der Übersetzung, vorbehalten.

Printed in Germany.

ISBN 978-3-95631-168-0

Shaker Media GmbH • Postfach 101818 • 52018 Aachen
Telefon: 02407 / 95964 - 0 • Telefax: 02407 / 95964 - 9
Internet: www.shaker-media.de • E-Mail: info@shaker-media.de

Inhaltsverzeichnis

Vorwort (Grundig Akademie)

Ist Lean Management eine Modeerscheinung, neuer Wein in alten Schläuchen oder tatsächlich ein vielversprechender Ansatz zur Lösung aktueller Herausforderungen? Es gab in den letzten Jahren viele eindrucksvolle Beispiele für die Beiträge des Lean Management zur Steigerung von Leistungs- und Wettbewerbsfähigkeit. Ganze Branchen sind ohne Lean Management nicht denkbar – der Schwerpunkt liegt oft noch in der Produktion, obwohl es gerade in den indirekten Unternehmensbereichen erhebliche Potenziale zur Verbesserung gibt.

Als Trainings- und Prozessbegleitungspartner unterstützen wir, die GRUNDIG AKADEMIE, Unternehmen und Organisationen bei der Implementierung von Lean Management und Lean Six Sigma, u.a. durch systematische Qualifizierung von Führungskräften, Projektleitern und Mitarbeitern. Das Programm umfasst Zertifikats-Qualifizierungen im Bereich Lean Administration, Lean Manufacturing, Lean Six Sigma und Prozessmanagement.

In diesem Zusammenhang begrüßen wir diesen Leitfaden von Kathrin Saheb, in dem die schrittweise Einführung von Lean Administration praxisnah vermittelt wird. Frau Saheb verfügt über jahrelange Erfahrung in der Einführung von Lean Administration als Trainerin und Beraterin und ist unsere Leadtrainerin im Bereich Lean Management & Prozessmanagement. Die systematische Vorgehensweise, kurz dargestellt, sowie viele Tipps aus der Praxis lassen das Buch zu einem nützlichen Begleiter der Umsetzung von Lean außerhalb der fertigungsnahen Bereiche werden.

Wir wünschen Ihnen viel Erfolg in der Lean Praxis.

Güler Dalman & Horst Rölz
GRUNDIG AKADEMIE, Bereich HR & Management

Vorwort

Die vorliegende 2-bändige Publikation richtet sich an Mitarbeiter und Führungskräfte, die Lean in den indirekten Unternehmensbereichen, Dienstleistungen oder Services einführen wollen. Diese ist als Praxishandbuch konzipiert, das die verschiedenen Projektphasen begleitet und konkrete Unterstützung bei der Umsetzung von Lean Administration gibt.

Die beschriebene Vorgehensweise sowie Methoden und Tools haben sich in jahrelanger Projekterfahrung als äußerst praxistauglich erwiesen. Diskussionen über Alternativen sowie weitere Tools sind gerne gesehen auf dem Blog zum Buch. Ich freue mich über viele Anregungen und interessante Diskussionen.

Das Buch besteht aus zwei Einzelbänden und spiegelt mit der Trennung zwischen Analyse- und Umsetzungsphase ein wichtiges Lean Prinzip wider. Der genaue Blick auf vorhandene Probleme und Verschwendung ist immer Voraussetzung für eine nachhaltige Verbesserung. Zwei Einzelbände sind außerdem praktischer zu handhaben, wenn das Buch auch als Nachschlagewerk vor Ort genutzt wird. Und schließlich kann der geneigte Leser so mit geringem Investment zunächst prüfen, inwieweit die dargestellte Vorgehensweise tatsächlich hilfreich ist bei der Umsetzung von Lean Administration.

Weitere Informationen auf dem Blog zum Buch:
www.lean-administration-schritt-fuer-schritt.de

1. Einleitung

Wussten Sie, dass in Büros, laut einer Untersuchung des Fraunhofer Insituts, von den Mitarbeitern fast ein Drittel der Arbeitszeit als Verschwendung betrachtet wird? Über die Hälfte dieser Verschwendung ist auf unabgestimmte Abläufe und Prozesse zurückzuführen. Hochgerechnet befasst sich jeder Beschäftigte vier Monate im Jahr mit unnützen Tätigkeiten. Die daraus resultierenden Verbesserungspotentiale sind erheblich und es stellt sich die Frage, ob es sich ein Hochlohnstandort wie Deutschland auf Dauer leisten kann, diese Potentiale nicht zu heben.

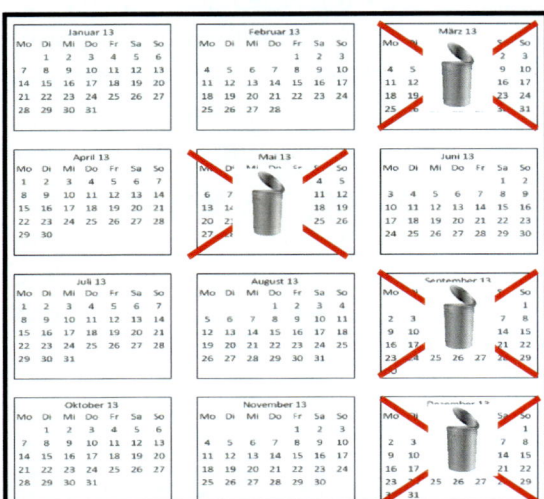

Abbildung 1: Verschwendung im Büro

Quelle: Fraunhofer Institut 2010

Zur Hebung dieser Potentiale hat sich das *Lean Management* - aus der Fertigung als Best Practice nicht mehr wegzudenken - erfolgreich bewährt. Nach den Fortschritten mit Lean in den Fertigungsbereichen geht es nun darum, diese Erfolge auch auf die indirekten Unternehmensbereiche wie Vertrieb, Einkauf, Logistik, Entwicklung usw. sowie Service und Diensleitungsorganisationen zu übertragen. Und die Ergebnisse in Unternehmen, die Lean Administration bereits nutzen, können sich sehen lassen, hier ein paar willkürlich ausgewählte Beispiele:

- 30% weniger Arbeitsaufwand in der Konstruktion bei einem Anlagenbauer
- 12 Monate Lieferzeit statt 24 Monate bei einem Netzbetreiber
- 45% weniger Rückfragen und Nacharbeit in der Zulieferindustrie
- …..usw.

In den folgenden zwei Bänden wird aufgezeigt, wie Lean Administration erfolgreich implementiert wird. Neben bekannten Lean Methoden und Tools geht es auch um Instrumente zur Planung und Steuerung von Lean Projekten sowie Elemente des Change Managements. Lean Projekte scheitern in der Regel nicht aufgrund schlecht ausgewählter oder angewendeter Methoden und Tools, sondern weil Grundvoraussetzungen erfolgreicher Veränderungsprozesse nicht oder nicht ausreichend berücksichtig werden. Deshalb wird es in diesem Leitfaden auch um Rollen und Aufgaben der Mitarbeiter, Ursachen für Widerstände und Methoden und Tools zur Organisation der Lean Implementierung gehen.

1.1 Zu Beginn:
Brauchen wir Lean Administration?

Ich lade Sie ein, vor der weiteren Lektüre zunächst einen kurzen Selbsttest durchzuführen. Macht es bei Ihnen Sinn, mit Lean Administration zu starten? Es gibt eine Reihe von Indikatoren wie Überlastung, Qualitätsprobleme, Reklamationen, lange Bearbeitungszeiten, unzureichende IT Nutzung, hohe Gemeinkosten, Unzufriedenheit der Mitarbeiter usw. Aber was trifft bei Ihnen zu?

○	Wir haben hohe Arbeitsvorräte
○	Wir müssen oft unsere Arbeit unterbrechen aufgrund fehlender oder nicht ausreichender Informationen
○	Es kommt immer wieder vor, dass wir erledigte Arbeiten neu machen müssen, da nicht alles korrekt war
○	Wir fangen bei jedem Auftrag oder Angebot wieder bei Null an
○	Wir können nicht auf Know How aus vorangegangenen Projekten zurückgreifen
○	An ruhiges Arbeiten ist oft nicht zu denken, da wir immer wieder Feuerwehr spielen
○	Es gibt immer wieder Reklamationen von unseren Kunden (auch interne Kunden)
○	Wir müssen regelmäßig nach Dokumenten oder anderen Unterlagen suchen (auch elektronisch)
○	Unsere Ablagestrukturen sind nicht eindeutig

◯	Unsere Abläufe dauern lange, obwohl die eigentliche Bearbeitungszeit relativ kurz ist
◯	Viele Unterlagen werden mehrfach abgespeichert oder archiviert
◯	Wir verbringen viel Zeit mit der Bearbeitung von Emails
◯	Wir erhalten viele Informationen, die wir nicht benötigen
◯	Die Zuständigkeiten sind nicht immer klar
◯	Wir übernehmen immer mehr Aufgaben, für die wir eigentlich nicht zuständig sind, weil wir ansonsten mit unserer Arbeit nicht weiterkommen
◯	Wir haben keine Vertretungsregelungen
◯	Bei manchen speziellen Tätigkeiten haben wir einen Engpass, weil nur 1 Mitarbeiter über das Know-how verfügt
◯	Wir werden bei der Arbeit oft unterbrochen
◯	Wir verbringen sehr viel Zeit in Besprechungen
	Gesamtzahl der Antworten

Abbildung 2: Selbsttest Lean Administration

1.2 Auswertung:
Wieviele Aussagen treffen zu?

0 – 5 :

Haben Sie die Fragen richtig beantwortet? Wiederholen Sie den Test. Wenn Sie wieder zu dem Ergebnis kommen: Gratulation! Sie können sicherlich andere Lean Anwender mit Ihrer Erfahrung unterstützen.

6 – 10:

Sie sollten das Thema Lean Administration auf die Agenda setzen. Starten Sie in einem Bereich mit Lean Administration. Übertragen Sie anschließend die Erfahrungen und Ergebnisse auf weitere Unternehmensbereiche.

Mehr als 10:

Sie sollten keine Zeit verlieren und sofort mit der Einführung von Lean Administration starten! Suchen Sie sich professionelle Unterstützung. Wenn Sie jetzt nichts unternehmen, riskieren Sie neben dem Rückgang der Kundenzufriedenheit eine hohe Frustration Ihrer Mitarbeiter, was sich in innerer Kündigung, tatsächlicher Kündigung oder hohem Krankheitsstand bemerkbar machen kann.

2. Die Grundlagen

2.1 Der Ursprung: Das Toyota Produktionssystem

In Europa wurde Lean Management durch die Veröffentlichung „Die zweite Revolution in der Automobilindustrie" von Womack/Jones (Womack, 1992) bekannt. Die Autoren stellen darin die Grundlagen des Toyota Produktionssystems und Basis für den Aufstieg Toyotas zu einem der erfolgreichsten Automobilhersteller vor.

Toyota selbst stand nach dem für Japan verlorenem Weltkrieg vor großen wirtschaftlichen Problemen. Ressourcen waren begrenzt, Investitionen kaum verfügbar. Vor diesem Hintergrund wurde das Toyota Produktionssystem (TPS) entwickelt, dessen Basis die optimale Nutzung der gering verfügbaren Ressourcen und die konsequente Reduzierung jeglicher Verschwendung ist. Dieser behutsame Umgang mit Ressourcen hat in der heutigen Zeit nichts von seiner Aktualität verloren und könnte sicherlich zur Lösung einiger unserer dringendsten Probleme, speziell im Umweltbereich, einen Beitrag leisten.

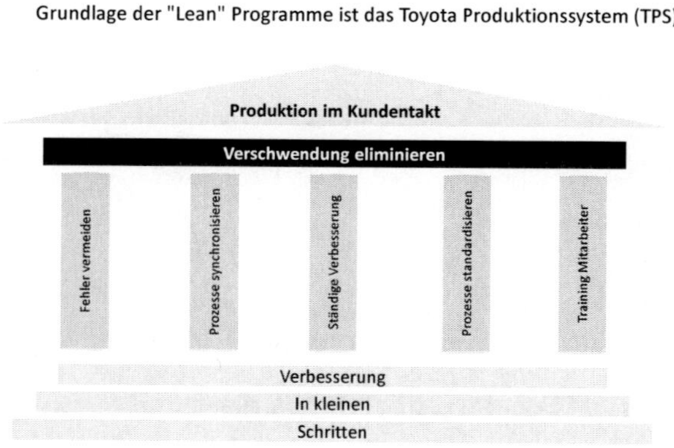

18

Grundlage der "Lean" Programme ist das Toyota Produktionssystem (TPS)

Abbildung 3: Das Toyota Produktionssystem

Bestandteile des Toyota Produktionssystems sind:

- **Konsequente Ausrichtung am Kundenbedarf**: es wird das produziert, was der Kunde benötigt und zu dem Zeitpunkt, an dem er die Ware benötigt. Ausschlaggebend sind nicht Maschinenkapazitäten.
- **Null Fehler Toleranz – Qualitätsbewusstsein**: Fehlervermeidung steht im Mittelpunkt, berühmt ist die Reißleine. Sobald ein Fehler entdeckt wird, stoppt die gesamte Produktion, bis die Fehlerursache ermittelt und behoben ist. Hintergrund: je später Fehler und Qualitätsmängel im Prozess erkannt werden, desto höher sind die Kosten und die notwendigen Ressourcen zur Beseitigung der Fehler.
- **Prozessorientierung**: Prozesse der Leistungserstellung werden systematisch aufgenommen, standardisiert und synchronisiert. Mit dem Pull Prinzip werden Leistungen oder Prozessschritte dann erbracht, wenn diese benötigt werden.
- **Vorräte und Bestände** werden so gering wie möglich gehalten.

- **Training der Mitarbeiter**: Das Kapital im Toyota Produktionssystem sind die Mitarbeiter. Diese werden ausgebildet und tragen dazu bei, die kontinuierlichen, täglichen Verbesserungen durchzuführen.
- **Verbesserungen in kleinen Schritten**: die Umsetzung erfolgt Tag für Tag in kleinen Schritten und nicht als aufwendiges, einmaliges Projekt.
- **Verschwendung**: Konsequente Reduzierung jeglicher Verschwendung durch alle Mitarbeiter in den täglichen Abläufen. Das setzt zunächst das Erkennen der Verschwendung voraus.

Die Grundlagen des Toyota Produktionssystems sind inzwischen als Standards in die Industrie eingegangen. Vorreiter war die Automobilindustrie, andere Branchen ziehen stetig nach. Einige Anmerkungen hierzu aus heutiger Sicht:

- Die Grundlage des Toyota Produktionssystems ist ein ganzheitlicher Denkansatz, der alle Bereiche, Mitarbeiter und Führungskräfte eines Unternehmens berücksichtigt.
- Die Herausforderung besteht heute in der Nutzung der sich in der Praxis bewährten Erfolgsmerkmale des Toyota Systems bei gleichzeitiger Weiterentwicklung der Methoden und Anwendungsgebiete.
- Die Verankerung des Lean Thinkings auf allen Hierarchieebenen ist nach wie vor eine große Herausforderung. Ansätze aus dem Change Management, Erkenntnisse der Lern- und Verhaltensforschung können sinnvolle Ergänzungen sein.
- Auch die Rolle der Führungskraft erlebt einen deutlichen Wandel im Aufbau einer kontinuierlichen Verbesserungsroutine (Rother 2009), Coaching und Mentoring werden zu wichtigen Führungsaufgaben.

2.2 Was ist Lean Management?

Im alltäglichen Sprachgebrauch wird der Begriff ‚Lean' oft mit schlank übersetzt und als Synonym für den Abbau von Personal verstanden. Diese Deutung wird dem Ansatz nicht gerecht, die eigentliche Definition von Lean Management ist:

„Werte schaffen ohne Verschwendung"

- **Werte schaffen** bedeutet die konsequente Ausrichtung auf den Kunden einer Leistung. Es wird das produziert, was benötigt wird zum richtigen Zeitpunkt, in der Menge und in der vom Abnehmer gewünschten Qualität.
- **Ohne Verschwendung:** Die Erstellung der Leistung oder des Produktes ist frei von allem, was überflüssig ist, dazu gehören auch Fehler, Rückfragen, Qualitätsmängel etc.

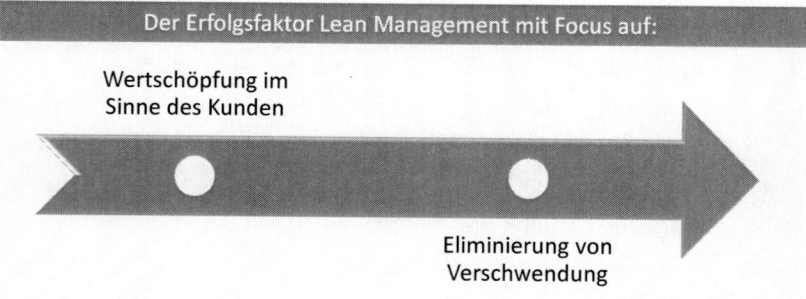

Abbildung 4: Definition Lean Management

Beides scheint eigentlich selbstverständlich zu sein. Ein kleiner Streifzug durch beliebig ausgewählte Unternehmen bietet aber ein anderes Bild. Da werden Daten und Zahlen erhoben ohne erkennbare Verwendung, Reports geschrieben, die nicht gelesen werden, Arbeitsabläufe gestört durch Rückfragen, Nacharbeit, Qualitätsprobleme. Die Überflutung mit Informationen ist für viele Mitarbeiter ein Problem, gleichzeitig sind relevante Daten nicht verfügbar und vieles mehr.

2.3 Lean in Verwaltungen und Dienstleistungen

In der verarbeitenden Industrie ist der Lean Management Ansatz als Best Practice fest etabliert, während in den indirekten Unternehmensbereichen die Lean Implementierung oft noch in den Kinderschuhen steckt. Das hat zur Folge, dass Fertigungsprozesse in den letzten Jahren erheblich schneller und effizienter geworden sind – die unterstützenden Prozesse aber (noch) nicht mitgezogen haben. So konnte beispielsweise im Großanlagenbau die Lieferzeit von Generatoren von 24 Monaten auf 14 Monate reduziert werden, von diesen 14 Monaten entfallen jetzt aber allein 8 Monate auf die indirekten Bereiche wie Einkauf, Engineering und Auftragsabwicklung. Diese Situation kann übrigens durchaus zum Unmut bei der Belegschaft führen – das Originalzitat eines Produktionsmitarbeiters:

„Wir hier müssen ständig noch schneller und noch besser werden, während die da oben Nichts verändern müssen"

Abbildung 5: Originalzitat

22

Der hier möglicherweise vorhandene Sprengstoff ist sicherlich auch ein Grund dafür, so rasch wie möglich mit der Verbesserung der indirekten Unternehmensbereiche zu beginnen. Die bisher beobachtete Zurückhaltung hängt sicherlich auch damit zusammen, dass die Prozesse in den indirekten Unternehmensbereichen auf den ersten Blick nicht richtig greifbar erscheinen. In der Fertigung sieht man, was produziert wird. Was geschieht aber in den Büros?

Abbildung 6 : Im Büro

Woher weiß ich, was ein Mitarbeiter macht, der gerade vor dem PC sitzt? In der Regel wird dort mit Daten und Informationen gearbeitet, diese sind nicht immer sichtbar, unterliegen Schwankungen, haben wechselnden Wert und können unterschiedlich interpretiert werden. Das bedeutet aber nicht, dass die Prinzipien des Lean Management hier nicht greifen könnten, sondern nur, dass die Methoden und Tools an die speziellen Gegebenheiten der indirekten Bereiche angepasst werden müssen.

Lean Administration wird genutzt, wenn das Produkt nicht das Ergebnis eines maschinellen Prozesses ist. Das betrifft alle indirekten Unternehmensbereiche wie Personal, Einkauf, Logistik, Engineering Vertrieb etc., aber auch Dienstleistungen und Service Organisationen. Ebenso sind in Forschung und Entwicklung Lean Erfolge zu verzeichnen – beispielsweise können Entwicklungsprozesse mit der Wertstrommethodik transparenter und effizienter gestaltet werden (Lean Development).

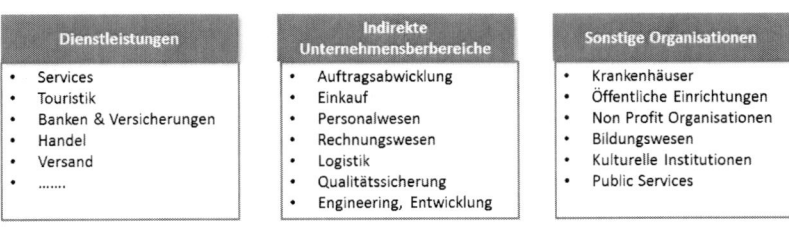

Dienstleistungen	Indirekte Unternehmensberbereiche	Sonstige Organisationen
• Services • Touristik • Banken & Versicherungen • Handel • Versand • …….	• Auftragsabwicklung • Einkauf • Personalwesen • Rechnungswesen • Logistik • Qualitätssicherung • Engineering, Entwicklung	• Krankenhäuser • Öffentliche Einrichtungen • Non Profit Organisationen • Bildungswesen • Kulturelle Institutionen • Public Services

Abbildung 7: Einsatzgebiete von Lean Administration:

Die Einsatzmöglichkeiten sind unbegrenzt. Krankenhäuser verbessern die Patientenbetreuung, im Engineering wird die Zusammenarbeit optimiert und Schnittstellen werden reduziert, Non Profit Organisationen erreichen mit geringerem Aufwand ihre Ziele und produzierende Unternehmen senken ihre Gemeinkosten.

2.4 Die Lean Kernprinzipien

Die Zielsetzung des Lean Managements – Wertschöpfung erhöhen und Verschwendung reduzieren – ist sicherlich grundsätzlich erstrebenswert. Die Herausforderung besteht daher in der tatsächlichen Umsetzung dieser Ziele. Dazu gibt der Lean Ansatz fünf Schritte vor

24

– die sogenannten Kernprinzipien (Nach Womack, 1992). Mit der chronologischen Abfolge dieser Schritte wird gleichzeitig die Vorgehensweise zur Implementierung von Lean Management definiert.

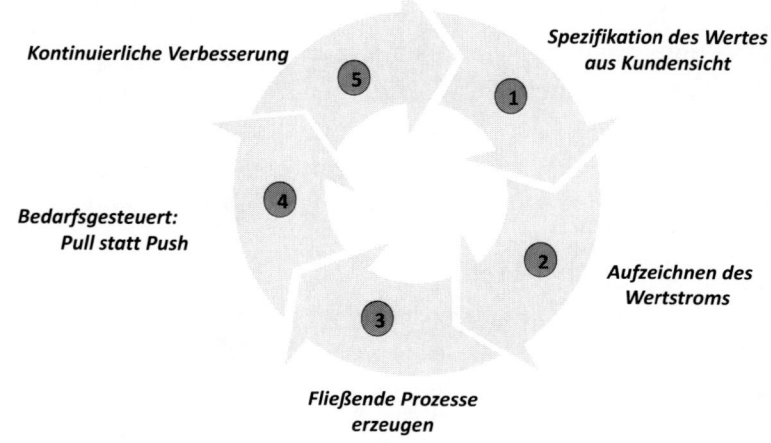

Abbildung 8: Die Lean Kernprinzipien

Praxistipp:
Lean Projekte sollten der Chronologie der 5 Phasen folgen. Eine abweichende Vorgehensweise sollte vorher genau geprüft und begründet sein.

1. ***Spezifikation des Wertes aus Kundensicht:*** Vor jeder Leistungserstellung ist zu klären, wer der Abnehmer (Kunde) ist und was er erwartet. Das kann sich auf eine Gesamtleistung oder auf Teilleistungen beziehen. Beispielsweise: erwartet mein Kunde ein komplettes Angebot mit technischen Zeichnungen oder reicht eine kurze Kostenabschätzung? Allein diese Fragestellung führt oft schon zu Entlastung durch den Wegfall von Aktivitäten ohne Abnehmer.

Abbildung 9: Was der Kunde braucht

2. **Aufzeichnung des Wertstroms:** Sobald geklärt ist, welche Leistungen tatsächlich vom Kunden erwartet werden, geht es im nächsten Schritt um die Aufzeichnung der einzelnen Aktivitäten, die für die Erstellung der Leistung notwendig sind. Hier kommen die Prozesse ins Spiel, die im Lean Kontext als Wertströme bezeichnet werden, d.h. Prozesse, die einen Wert generieren. Mit der Prozesssicht wird der abteilungs- und funktionsübergreifende Blick aus der Sicht des Empfängers einer Leistung gewährleistet. Dabei geht es zunächst darum zu analysieren, wie die Leistungserstellung tatsächlich abläuft. Die saubere Beschreibung der Ist – Situation ist immer Voraussetzung für die anschließende Optimierung.

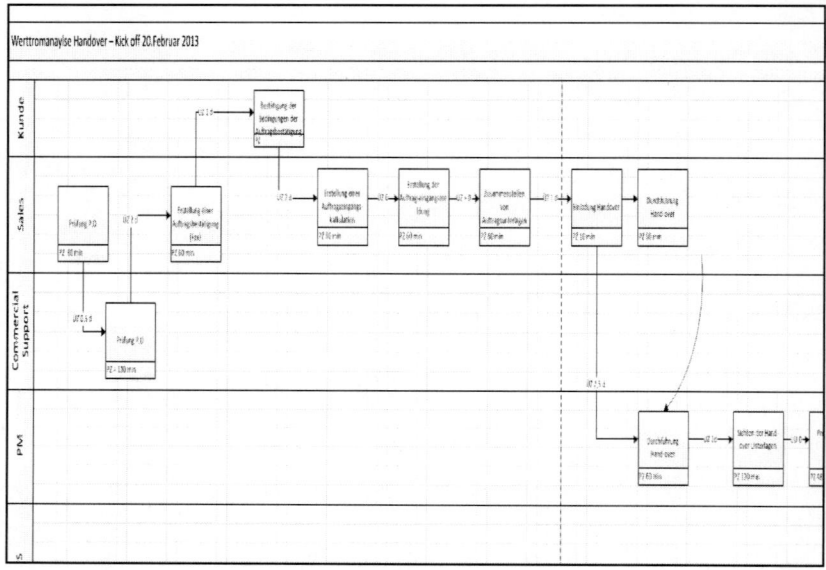

Abbildung 10: Der administrative Wertstrom

3. ***Fließende Prozesse:*** Nach der Aufnahme der Prozesse werden diese optimiert. Dazu müssen die vorhandenen Störungen und Probleme beseitigt werden. Das Ziel sind fließende Abläufe, die nicht unterbrochen oder gestört werden.

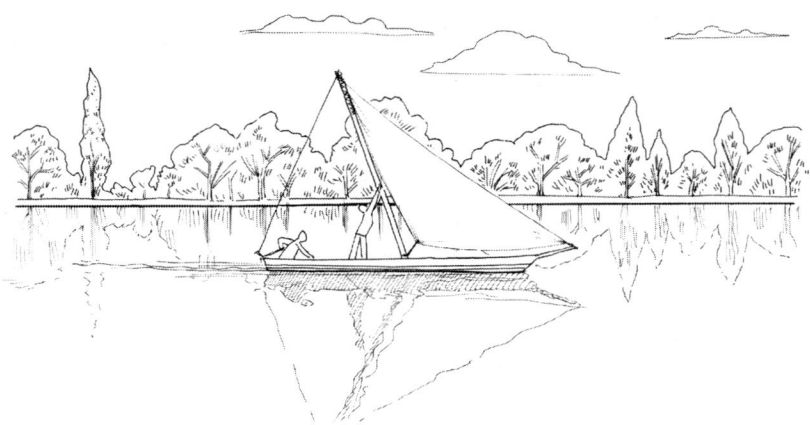

Abbildung 11: Flussprinzip

4. **Pull statt Push:** Das Pull-Prinzip bedeutet, dass Leistungen dann erbracht werden, wenn diese vom Kunden oder Anwender benötigt werden. Als Anwender kann auch der nachfolgende Prozessschritt gelten. Beispielsweise werden Daten und Informationen zielgenau dann aus dem System gezogen, wenn man sie braucht und anwendet (Pull) und nicht über große Emailverteiler flächendeckend in das System hinein gedrückt (push).

| **Push**: Erstellung eines Produktes, einer Leistung auf Vorrat – anschließende Lagerung erforderlich **„Filterkaffe"** | **Pull**: Erstellung eines Produktes/ Leistung in dem Moment, in dem diese benötigt wird, Kunde „zieht" **„Espresso"** |

Abbildung 12: Pull statt Push

5. ***Kontinuierliche Verbesserung:*** Das ist die anspruchsvollste Aufgabe. Nach einer erfolgreichen Optimierung besteht immer die Gefahr des Rückfalls in alte Gewohnheiten. Deshalb gilt es, die Ergebnisse zu standardisieren und damit die Basis für weitere Verbesserungen zu schaffen. Leider werden viele Lean Projekte beendet, ohne dass man sich um die weitere Absicherung des Erreichten kümmert. Erfolgreiche Lean Einführung setzt die organisatorische Verankerung eines kontinuierlichen Verbesserungsprozesses nach Abschluss der aktiven Projektphase voraus. Auf diese Absicherung zu verzichten, wäre tatsächlich Verschwendung im Sinne von Lean.

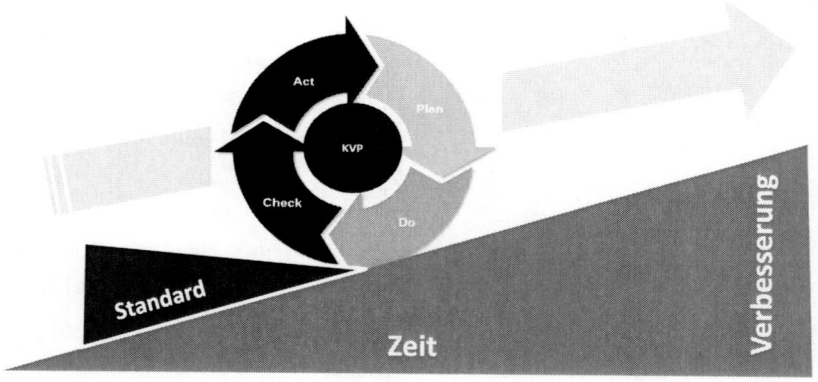

Abbildung 13: KVP (kontinuierliche Verbesserung)

2.5 Wertschöpfung und Verschwendung

Wie bereits gesehen, ist Verschwendung ein zentraler Begriff im Lean Management. Damit werden Tätigkeiten und Abläufe bezeichnet, die für die Erstellung eines Produktes oder einer Leistung im Kundensinn nicht notwendig sind. Das Ziel im Lean Management ist es, diese zu eliminieren. Der erste Schritt besteht zunächst darin, die Verschwendung zu sehen und sichtbar zu machen.

Im hektischen Tagesablauf fehlt oft der kritische Blick für überflüssige Tätigkeiten, die sich so nach und nach eingeschlichen haben. Als Hilfestellung für die Aufdeckung von Verschwendung hat Toyota dazu die folgenden sieben Kategorien von Verschwendungsarten aufgestellt – hier ergänzt durch eine achte, mitarbeiterbezogene Art:

1. **Überinformation / Blindleistung**
Leistungen ohne Abnehmer, z.B. Zahlenerhebung im Controlling ohne Weiterverwendung, Reports

2. **Bestände / Arbeitsrückstände**
Nicht bearbeitete Aufträge, Rechnungen, Bestellungen etc.

3. **Bewegung**
Lange Wege innerhalb der Büros, Drucker im Erdgeschoß – Mitarbeiter 3. Etage

4. **Transport (Informationen)**
Hoher Emailverkehr, viele CCs, Dienstreisezeiten

5. **Wartezeit / Liegezeit/Suchzeit**
Lange Wartezeiten wegen Engpässen, Suche nach Dokumenten und Unterlagen, Wartezeit in Besprechungen

6. **Fehler / Rückfragen**
Arbeitsunterbrechung wegen fehlender Informationen oder falsche Ergebnisse, weil mit unzureichenden Daten gearbeitet worden ist

7. **Arbeitsprozesse**
Schlecht organisierte Prozesse, nicht angepasste IT, z.B. manuelle Dateneingaben; trotz SAP werden weiterhin Excel Tabellen geführt

8. **Fähigkeiten der Mitarbeiter, die nicht genutzt werden**

Über- oder Unterforderung, hochqualifizierte Ingenieure verbringen 15% der Arbeitszeit mit einfachen Sekretariatsaufgaben

Im Gegensatz zur Verschwendung sind wertschöpfende Tätigkeiten für den Kunden wichtig und dieser ist bereit, dafür zu zahlen. In den indirekten Unternehmensbereichen wird in der Regel kein Umsatz getätigt, wertschöpfend sind hier die Tätigkeiten, die der interne Kunde oder Abnehmer benötigt und weiterverwendet. Das kann die Erstellung von Bauunterlagen im Engineering, die Durchführung von Tests in der Softwareentwicklung, die Rekrutierung im Personalwesen oder die Erstellung von Präsentationen für die Geschäftsführung im Sekretariat sein.

Zusätzlich gibt es noch die Kategorie der notwendigen Tätigkeiten (auch notwendige Verschwendung genannt). Diese sind selbst nicht wertschöpfend, müssen aber durchgeführt werden, um überhaupt wertschöpfend arbeiten zu können. Dazu gehören die indirekten Unternehmensprozesse wie Personal, Controlling etc. oder auch Rüsten und Instandhaltung in der Produktion.

Diesen drei Tätigkeiten werden die folgenden Schritte zugeordnet:

Wertschöpfende Tätigkeiten		z.B. Durchführung einer Programmierung	Optimieren
Notwendige Tätigkeiten		z.B. Ressourcen für die Durchführung der Programmierung planen und abrechnen	Reduzieren
Verschwendung		z.B. Rückfragen, Fehler, Nacharbeit	Eliminieren

Abbildung 14: Ziele

__Praxistip:__
__Suchen Sie zu jeder Verschwendungsart 1 – 2 Beispiele aus Ihrem__
__Arbeitsumfeld. Bitten Sie Ihre Mitarbeiter/Kollegen etc. ebenfalls darum__
__und diskutieren Sie dann die Ergebnisse.__

2.6 Die Ebenen der Veränderung

Lean Management ist ein ganzheitliches Führungs- und Organisationskonzept, das sich nicht in der Anwendung einzelner Instrumente oder Prinzipien erschöpft. Die nachhaltige Implementierung setzt einen Transformationsprozess innerhalb des gesamten Unternehmens/der Organisation in Gang. Konsequenterweise müssen deshalb sämtliche Parameter einer Organisationsveränderung berücksichtigt und gesteuert werden. Veränderungen zum Aufbau einer Lean Kultur finden auf folgenden Ebenen statt:

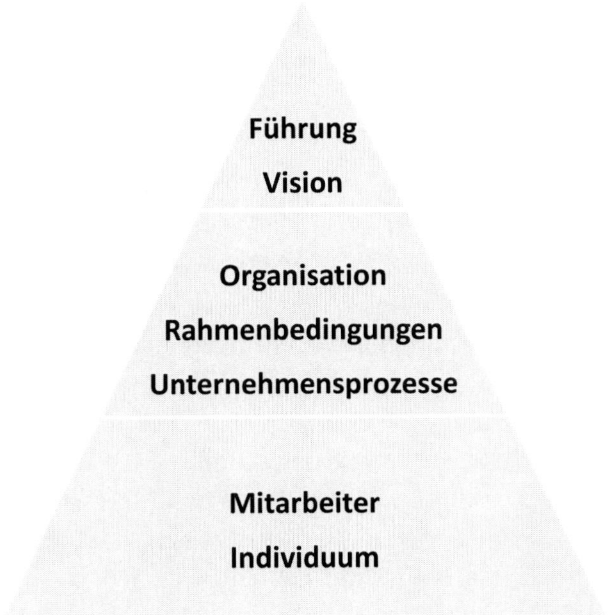

Führung

Vision

Organisation

Rahmenbedingungen

Unternehmensprozesse

Mitarbeiter

Individuum

Abbildung 15: Ebenen der Veränderung

Das Individuum – der Mitarbeiter

- Veränderungen im Unternehmen setzen individuelle Lern-
  und Veränderungsprozesse bei den Mitarbeitern voraus.
- Im Lean Management werden die Mitarbeiter gefördert und
  aktiv in die Veränderungsprozesse eingebunden. Jeder Mitarbeiter ist Spezialist auf seinem Gebiet.

Die Organisation – Rahmenbedingungen - Prozesse

- Durch die organisatorischen Rahmenbedingungen werden
  individuelle Lern- und Veränderungsprozesse gefördert und
  auf die Unternehmensziele hin ausgerichtet. Vorgaben der
  Führung (Vision, Ziele) und das individuelle Verhalten tref-
  fen hier aufeinander.
- Im Lean Management bedeutet das eine realistische Planung,
  kontinuierliche Verbesserung, Definition von Zwischenzielen
  und die aktive Prozessgestaltung durch die Mitarbeiter.

Führungskräfte und Vision

- Die Führungskräfte entwickeln eine Vision und legen die
  Richtung fest. Diese prägt wiederum die Organisation.
- Im Lean Management sind die Führungskräfte Vorbild und
  leiten Ihre Mitarbeiter zu eigenverantwortlichem Handeln
  an.

Bei der Lean Implementierung müssen alle diese Ebenen berücksichtigt werden. Viele (Lean) Projekte sind einseitig focusiert auf
Methoden und Tools ohne zu berücksichtigen, dass jede Methode
oder Technik nur dann dem Unternehmen Nutzen bringt, wenn diese
sowohl auf der individuellen Ebene – dem Mitarbeiter – als auch auf
der organisatorischen Ebene des Unternehmens fest verankert ist.

2.7 Vorgehensweise: Die fünf Phasen

Aus den oben beschriebenen fünf Prinzipien des Lean Thinking lässt sich eine bewährte Vorgehensweise ableiten, der auch der Aufbau dieses Leitfadens folgt.

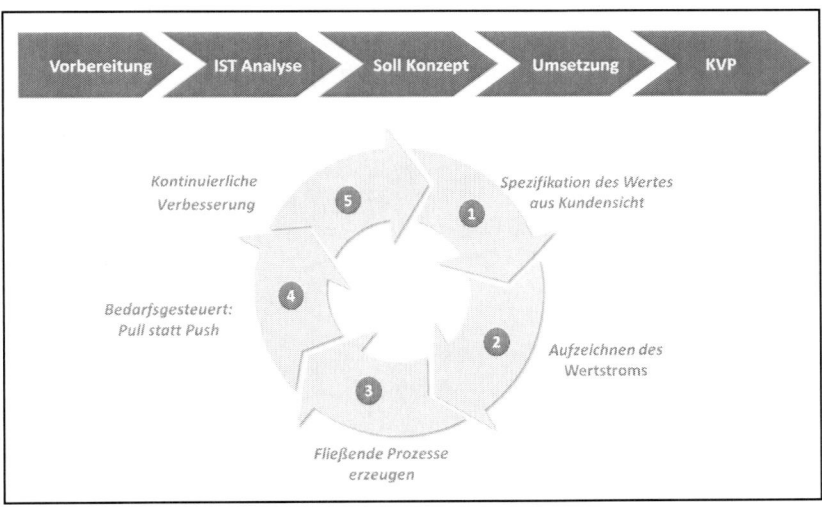

Abbildung 16: Vorgehensweise

Es gibt dieses Phasenmodell in verschiedenen Varianten und Detaillierungen. Wichtig für den Erfolg der Lean Projekte ist weniger der genaue Detaillierungsgrad als vielmehr die chronologische Vorgehensweise, die nach Möglichkeit eingehalten werden sollte und zwar aus den folgenden Gründen:

- *Vorbereitung:* Lean Projekte müssen sorgfältig vorbereitet werden. Viele später auftretende Probleme und Schwierigkeiten sind auf unzureichende Planung im Vorfeld zurückzuführen. Eine unvollständige Vorbereitung führt in der Regel zur Verzögerung oder sogar zum Abbruch der Lean Implementierung

- *IST Analyse:* Der Start mit einer genauen Analyse des tatsächlich gelebten Ist – Zustandes ist Voraussetzung für die erfolgreiche Implementierung von Verbesserungen. Erst durch die Beschreibung der Lücke zwischen aktueller Situation und dem erwünschten Zielzustand können wirksame Maßnahmen zur Optimierung definiert werden.
- *Soll Konzept:* der Entwurf eines Sollkonzepts motiviert und mobilisiert Energien. Die Richtung wird festgelegt und alle Maßnahmen können auf die Zielsetzung hin ausgerichtet werden, Abweichungen werden verhindert.
- *Umsetzung:* Die operative Umsetzung der Verbesserungsmaßnahmen muss systematisch begleitet und gesteuert werden. Neben dem aktiven Projektmanagement sind auch hier Grundlagen des Change Managements gefragt, um mögliche Ängste und Widerstände der Mitarbeiter zu verhindern bzw. abzubauen.
- *KVP:* Nach Abschluss der aktiven Projektphase werden die Ergebnisse in einen kontinuierlichen Verbesserungsprozess überführt. Dadurch wird verhindert, dass man wieder in den ursprünglichen Zustand zurückfällt. Diese Phase wird in vielen Projekten oft vernachlässigt.

Mit diesem Vorgehensmodell kann sowohl die Lean Gesamtimplementierung als auch einzelne Lean Projekte gesteuert werden. Abweichungen von dieser Chronologie sollten gut begründet sein. Eine mögliche Abweichung kann sich ergeben, wenn bestimmte Prozessparameter im Vorfeld vorgegeben sind. Das können im SAP vordefinierte Prozessbestandteile sein – aber auch andere Vorgaben wie feststehende Meilensteine in Entwicklungsprozessen oder sonstige Fixpunkte. In diesen Fällen startet man direkt nach der Vorbereitung mit der Festlegung des Sollkonzeptes und analysiert im Anschluss den Ist Zustand, bevor man zur Definition geeigneter Maßnahmen gelangt. Dieser Fall ist in der Regel die Ausnahme.

Die Steuerung des Projektfortschrittes ist ein wichtiger Erfolgsfaktor für die Lean Implementierung. In größeren Organisationen werden parallel viele Lean Projekte gestartet mit unterschiedlichen Start- und Endterminen. Zur Steuerung dieser Projekte, der Schaffung von Transparenz und im Sinne einer standardisierten Projektabwicklung hat es sich bewährt, die Projekte nach ihrem jeweiligen Projektstatus zu klassifizieren und entsprechend zu dokumentieren, also klassisches Lean – Projektmanagement. Dazu werden in vielen Unternehmen bereits Reife- oder Härtegradmodelle eingesetzt. Sinnvoll ist es, auf Basis der dargestellten Vorgehensweise ein fünfstufiges Phasenmodell zu nutzen.

Phase / Inhalt	Projektphase
WS Audit (1/2 Jahr später	5
WS Review	5
Übergabe an Projektverantwortlichen und Festlegung der KVP Organisation	4
Maßnahmenumsetzung und Fortführung, Roll – Out, Kommunikationskonzept	3
Sollkonzept/Design und Maßnahmen	2
Vorbereitung, Ist – Analyse, Identifikation von Handlungsfeldern	1

Abbildung 17: Die fünf Lean - Projektphasen

Der Vorteil ist, dass Projekte nicht einfach verschwinden oder liegen bleiben, Langläufer identifiziert werden und gewährleistet wird, dass alle Projektphasen eingehalten werden. Voraussetzung ist natürlich eine durchgängige und aktuelle Dokumentation der Projekte anhand dieses Phasenmodells sowie die Steuerung dieser Projekte.

Oft taucht die Frage auf, wann denn ein Lean Projekt fertig ist. Lean Management hat grundsätzlich keinen festen Abschluss, aber es macht schon einen Unterschied, ob sich ein Projekt noch in der aktiven Phase (Analyse, Umsetzung) befindet oder inzwischen umgesetzt und nur noch kontinuierlich verbessert wird. Mit dem Phasenmodell wird der Projektstatus nachgehalten und die Projekte können systematisch gesteuert werden. Das kann zu deutlichen Verbesserungen führen, wie das folgende Beispiel zeigt.

Praxisbeispiel: 30% kürzere Projektlaufzeit

Ein Maschinenbauunternehmen hat im Engineering flächendeckend Lean Administration eingeführt. Dazu wurden zunächst Mitarbeiter zu Lean Experten ausgebildet und Lean Projekte identifiziert. Jeder Lean Experte erhielt dann ein bis drei Projekte zur Durchführung. Nach einiger Zeit stellte man sehr lange Projektlaufzeiten und eine geringe Termintreue fest. Daraufhin wurden die Projekte in einem unternehmensinternen Projektphasenplan dokumentiert und es wurden zeitliche Vorgaben gemacht. Bei Überschreitung der Vorgaben musste das vom Projektleiter begründet werden. Nach 6 Monaten konnte die durchschnittliche Dauer von Lean Projekten um 30% gekürzt werden.

Das hier vorgestellte Phasenmodell entspricht der Lean Vorgehensweise und hat sich in der Praxis als Steuerungsinstrument bewährt. Sicherlich gibt es andere und komplexere Modelle, im Normalfall reichen diese fünf Kategorien aber aus und sind in der Praxis auch gut anzuwenden.

3. Die Vorbereitung

Sie haben sich entschieden, mit Lean Administration zu starten. Sicherlich haben Sie konkrete Vorstellungen, was Sie mit Lean verbessern wollen. Planen Sie ausreichend Zeit für die Vorbereitung ein, hier werden die Weichen für den langfristigen Projekterfolg gelegt. Im Rahmen der Vorbereitung sind die folgenden Themen zu klären:

1. Ziele definieren
2. Rahmenbedingungen, Aufgaben und Rollen festlegen
3. Führungskräfte sensibilisieren
4. Handlungsbedarf ermitteln und priorisieren
5. Veränderungsfähigkeit abschätzen
6. Information und Kommunikation planen
7. Die Projektorganisation festlegen

3.1 Ziele definieren

Ziel	Gemeinsames Verständnis über die Zielsetzung der Lean Implementierung
Begriff/Tool	S M A R T E Ziele, Zielkaskade
Tipp	Klären Sie zu Beginn des Projektes mit den Beteiligten die Ziele ab. Kommunizieren Sie und überprüfen Sie die Ziele in regelmäßigen Abständen.

38

Mit jeder Lean Implementierung ist eine Zielsetzung verbunden. Oft verfolgen die Beteiligten unterschiedliche, eventuell sogar sich ausschließende Ziele. Deshalb sollten zu Beginn der Lean Einführung die Ziele geklärt und abgestimmt werden. Eine klare Zielsetzung gibt Orientierung und legt die Richtung der Einzelmaßnahmen fest. Durch eine SMARTe Formulierung der Ziele können diese auch jederzeit überprüft und gesteuert werden. SMARTe Ziele sind:

- S ichtbar und spezifiziert
- M essbar
- A kzeptabel und anspruchsvoll
- R ealisierbar
- T erminiert

Aus der strategischen Zielsetzung für die Gesamteinführung von Lean Administration lassen sich über Zielkaskaden die einzelnen Projektziele ableiten. Bei mehreren Zielen sollten diese auch priorisiert werden, so dass in einen eventuellen Zielkonflikt schnell eine Entscheidung getroffen werden kann.

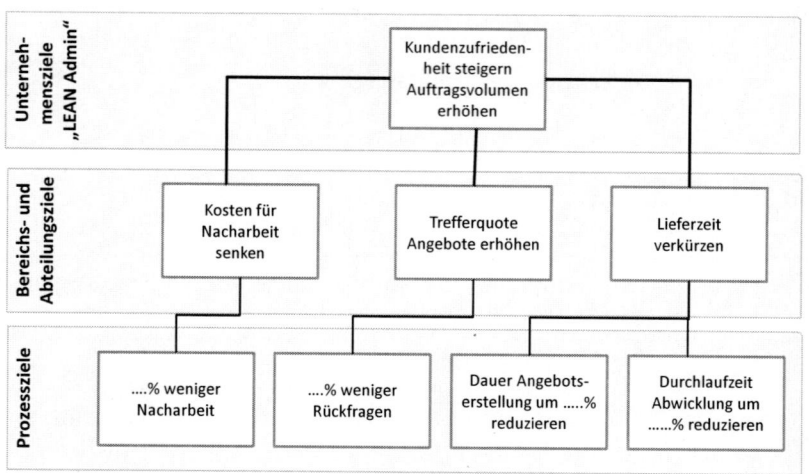

Abbildung 18: Beispiel für Zielkaskadierung

Die mit der Einführung von Lean Administration verbundenen Ziele betreffen oft die Lieferzeiten, Qualität oder Arbeitsaufwände und Kosten. Je konkreter diese beziffert werden, desto besser kann man die Umsetzung planen.

Beispiele:

- Senkung der Gemeinkosten um 15%
- Verbesserung der Kundenzufriedenheit
- Steigerung der Aufträge um 25%

Praxistipp:
Nutzen Sie visuelle Hilfsmittel zur Darstellung der Ziele, beispielsweise an einem Abteilungsboard, schwarzen Brett, auf der Intranetseite etc.

3.2 Die Lean Einführung planen

Ziel	Ressourcen und Rahmenbedingungen für die Lean Implementierung festlegen
Begriff/Tool	Lean Aufgabenpyramide
Tipp	Aufbau von Know How durch die Kombination von Ausbildung und Projektcoaching

Sobald die Zielsetzung feststeht, müssen die organisatorischen Rahmenbedingungen festgelegt werden. Diese hängen natürlich stark davon ab, wie groß der Bereich ist, in dem Lean Administration eingeführt werden soll. Auf jeden Fall müssen für eine Lean Implementierung ausreichende Ressourcen bereit gestellt werden. Wenn Mitarbeiter grundsätzlich erst ab 17 Uhr oder Freitag nachmittags Zeit für die Lean Implementierung haben, sind die Erfolgsaussichten sicherlich nicht sonderlich groß.

Hier zunächst die wichtigsten Fragen, die im Rahmen der Vorbereitung zu klären sind.

Wo wird gestartet?

Am besten startet man zunächst in einen Bereich oder einer Organisationseinheit mit der Lean Einführung und überträgt im Anschluss diese dann sukzessiv auf andere Einheiten / Bereiche im Unternehmen. Das hat den Vorteil, dass die praktischen Erfahrungen aus dem Start für die nächsten Projekte genutzt und die Projektorganisation unter Umständen angepasst werden kann.

Es gibt auch Fälle, in denen sofort mit einer flächendeckenden Einführung von Lean Administration gestartet wird. Das ist prinzipiell möglich und kann auch sehr erfolgreich sein. Man braucht aber dafür ausreichende Ressourcen, also Lean Experten, die entsprechende Projekte leiten können. Außerdem besteht immer die Gefahr, dass die Organisation überfordert wird, denn für alle Lean Projekte braucht man die Mitarbeiter, die aktiv an den Workshops teilnehmen und die Verbesserungen auch umsetzen. Kein Unternehmen kann wohl sein Tagesgeschäft ruhen lassen, um sich ausschließlich mit Lean zu beschäftigen.

Welche Rollen und Kenntnisse sind notwendig?

Die Implementierung von Lean Management basiert auf der aktiven Einbindung aller Mitarbeiter und setzt dementsprechend verschiedene Rollen voraus.

Zunächst sollten **alle Mitarbeiter über Grundkenntnisse** zu Lean Administration verfügen, damit sie erfolgreich in Projekten mitarbeiten, in ihrem eigenen Arbeitsumfeld Verschwendung erkennen und kleinere Verbesserungen durchführen und somit zum Aufbau der Lean Kultur beitragen.

Dann werden **Lean Experten** benötigt, die die Lean Projekte moderieren und leiten. Voraussetzung sind neben dem Lean Know How auch Moderationsfähigkeit und soziale Kompetenzen. Die Lean Experten spielen eine wichtige Rolle bei der Motivation der Mitarbeiter. Sie können hauptberuflich oder anteilig für Lean Projekte eingesetzt werden, was zunächst von den Rahmenbedingungen wie Anzahl der Projekte, Größe des Implementierungsbereichs etc. abhängig ist. Für die Vollzeittätigkeit der Lean Experten spricht eine gewisse Professionalisierung, für die Teilzeittätigkeit die Einbindung in die operativen Unternehmensprozesse.

Wieviel Lean Experten benötigt werden, hängt natürlich von der Unternehmensgröße ab und davon, ob diese in Vollzeit oder nur zeitweise Lean Projekte leiten. In der Regel sollten 5 bis 15% der Belegschaft Lean Experten sein, um das Thema nachhaltig zu implementieren.

Die Steuerung der Lean Projekte und der Lean Experten sollte bei einer Führungskraft mit der Rolle des **Lean Koordinators** liegen. In großen Organisationseinheiten können das auch mehrere Koordinatoren sein, die dann auch nochmals zentral gesteuert werden müssen.

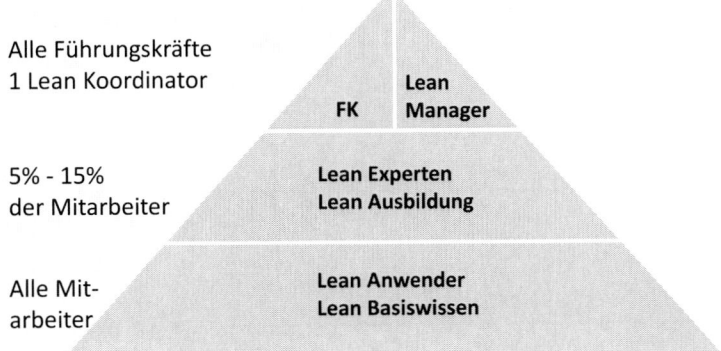

Abbildung 19: Lean Rollen

Woher kommt das notwendige Know How?

Falls es in dem Unternehmen noch keine Erfahrungen mit Lean Administration gibt, muss auf externe Ressourcen zurückgegriffen werden. Die Möglichkeiten reichen vom Besuch offener Lean Administration Trainings über Inhouse – Schulungen bis zum Einsatz einer oder mehrerer Berater. Ein Ansatz, der sich in den letzten Jahren zunehmend als Best Practice erwiesen hat, ist die Kombination aus Ausbildung mit begleitendem Projektcoaching durch den Trainer bzw. Berater. Viele Konzerne nutzen inzwischen diese Vorgehensweise, die auch grundlegenden lerntheoretischen Erkenntnissen entspricht. Für die Unternehmen hat diese Vorgehensweise die folgenden Vorteile:

- Theoretisch erworbenes Wissen wird direkt in Projekten umgesetzt und unternehmensinternes Know-how wird so aufgebaut.
- Durch die enge Verzahnung von Ausbildung und Projektdurchführung können relativ schnell erste Verbesserungsmaßnahmen realisiert werden.
- Die Begleitung der ‚Lean Experten' durch einen erfahrenen Berater bei den ersten Projekten garantiert erfolgreich durchgeführte Projektworkshops und verhindert demotivierte Mitarbeiter.
- Mittel- und langfristig wird im Unternehmen das Wissen erworben, um Lean Projekte intern erfolgreich durchzuführen.

3.3 Die Führungskräfte mobilisieren

Ziel	Die Bedeutung der Führungskräfte für die Lean Implementierung darstellen
Begriff/Tool	Lean Awareness Session
Tipp	Führungskräfte von Beginn an regelmäßig informieren und in die Planung einbinden

Jede Lean Administration Implementierung ist zum Scheitern verurteilt, wenn die Führungskräfte nicht mitziehen. Neben dem Topmanagement – durch das in der Regel die Rahmenbedingungen vorgegeben werden – gilt das insbesonders für das mittlere Management. Deshalb sollten die Führungskräfte relativ frühzeitig über die Pläne der Lean Administration Einführung informiert und entsprechend motiviert werden. Dazu eignet sich am besten eine sogenannte ‚Lean Awareness Session', diese kann von ein paar Stunden bis zu zwei Tagen dauern. Das Ergebnis sollte sein, dass die Führungskräfte den Sinn und Vorteil der Lean Administration Einführung erkennen und auch wissen, welche Anforderungen auf ihre Mitarbeiter zukommen. Außerdem sollten die Ziele kommuniziert, auf die einzelnen Bereiche heruntergebrochen und erste Projekte identifiziert werden.

Die genaue Gestaltung einer derartigen Lean Session hängt selbstverständlich von den Rahmenbedingungen ab, hier ein exemplarisches Beispiel mit den Themen, die auf jeden Fall adressiert werden sollten:

Nr.	Thema	Inhalt
1.	Begrüßung	• Vorkenntnisse und Erwartungen
2.	Grundlagen Lean Management und Lean Administration Effekte durch Lean Administration	• Historie des Lean Management • Das Lean Business System • Mögliche Potentiale – praktische Fallbeispiele
3.	Lean Administration Toolbox	• Vorstellung der Lean Methoden zu Optimierung, Schwerpunkt: Prozessanalyse • Vorgehensweise und Anforderungen an die Mitarbeiter
4.	Aufgaben und Rollen	• Anforderungen und Erwartungen an die Führungskräfte im Lean Transformationsprozess
5.	Change Management Kommunikation	• Grundlagen von Veränderungsprozessen • Ursachen von Ängsten und Widerständen • Kommunikation in Lean Projekten
6.	Ziele & Projektdefinition	• Zielsetzung der Lean Implementierung • Ableitung der Projektziele und Planung der Projekte
7.	Ausblick	• Ausblick und die nächsten Schritte

Abbildung 20: Agenda Lean Awareness Session (Beispiel)

__Praxistipp:__
Planen Sie frühzeitig die Veranstaltung für die Führungskräfte. Im Idealfall folgen der Einführungsveranstaltung noch einige kürzere Sessions, in der die Führungskräfte weiter über den Projektverlauf informiert werden und sich über eine gemeinsame Vorgehensweise abstimmen.

3.4 Den Handlungsbedarf ermitteln

Ziel	Themen sammeln als Basis für die Optimierung
Begriff/Tool	Interviews, Workshop, Stärken-Schwächen Analyse, ABC Analyse
Tipp	Möglichst viele Mitarbeiter an der Themenfindung beteiligen

Sobald Ziele definiert sowie Aufgaben und Rollen festgelegt sind, müssen geeignete Lean Projekte identifiziert werden. Dazu wird zunächst der Handlungsbedarf gesammelt, Themen werden identifiziert und anschließend priorisiert. Oft stehen zu Beginn einer Lean Einführung schon wichtige Themen, Bereiche oder Prozesse fest, die verbessert werden sollen. Es ist aber auch hilfreich, eine Sammlung der relevanten Lean Themen als Basis für weitere Projekte zu erstellen, die dann nach und nach abgearbeitet werden können. Gesammelt werden Themen über Interviews, Workshops oder Auswertung vorhandener Daten, meistens kombiniert man die Vorgehensweisen.

Strukturierte Interviews

Vorbereitete Interviews mit Fragen zu Schwachstellen in den verschiedenen Unternehmensbereichen, in der Regel mit Führungskräften und/oder Entscheidungsträgern. Der Interviewer sollte nicht unbedingt selbst aus dem Bereich kommen, entweder Inhouse Consultant oder externer Berater sein.

- **Vorteil:** Offenheit unter 4 Augen, Themen werden aus verschiedenen Perspektiven betrachtet, keine Beeinflussung durch die Gruppe
- **Nachteil:** relativ aufwendig, nur ein Teil der Belegschaft wird einbezogen

Workshops mit Mitarbeitern und Führungskräften

Workshops mit Mitarbeitern und Führungskräften sind sicherlich eine der besten Methoden, um Themen für die Lean Optimierung zu sammeln. Die Mitarbeiter können sich einbringen und darstellen, wo in ihrem Arbeitsbereich Probleme und Störungen vorhanden sind. Am besten nutzt man diese Workshops gleichzeitig zu einer Einführung in die Lean Administration Methodik.

Als Moderationsmethode eignet sich hier sehr gut die Kartenabfrage. Dazu erhalten die Teilnehmer eine bestimmte Anzahl an Karten, es könnten dann die folgenden Fragen gestellt werden: (Beispiele)

- Wo sehen Sie in Ihrem Arbeitsumfeld den größten Handlungsbedarf, die meiste Verschwendung?
- Wo sehen Sie Stärken/Schwächen?
- Welche Themen würden Sie als erstes angehen?
- ....usw.

Die Karten werden dann eingesammelt und können am Board geclustert und priorisiert werden – beispielsweise mit Punkten. Dazu erhält jeder Teilnehmer eine Anzahl von Punkten und kann seine Prioritäten festlegen.

Das Ergebnis ist eine Liste mit relevanten Themen als Basis für die ersten Lean Projekte und ein Themenspeicher. Erfahrungsgemäß kristallisieren sich in einem derartigen Workshop immer die kritischen Themen heraus. Interessant sind auch unter Umständen die Diskussionen, die aus einer unterschiedlichen Bewertung des Veränderungsbedarfs entstehen können.

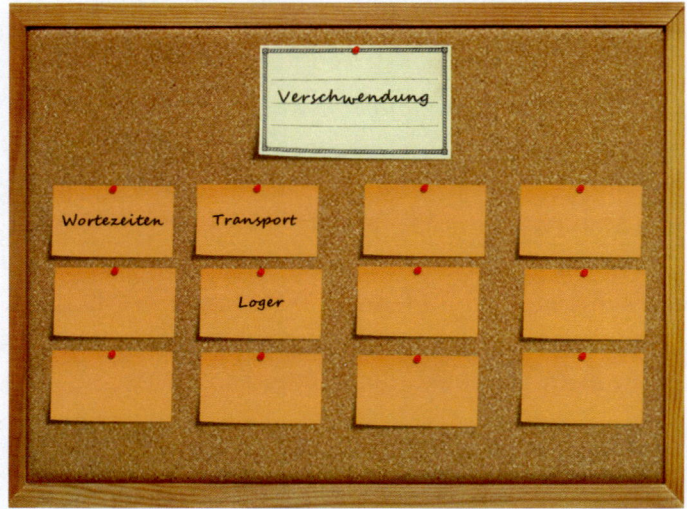

Abbildung 21: Kartenabfrage

Vorteil: Mitarbeiter werden aktiv eingebunden, ein breites Spektrum möglicher Probleme und Handlungsfelder wird gesammelt, Diskussionen und Konsens über Probleme und Prioritäten zwischen Führungskräften und Mitarbeitern.

Nachteil: Zeitlicher und organisatorischer Aufwand, eventuell sehr viele Themen für Themenspeicher, deshalb Klärung im Vorfeld, wie mit den Themen weiter verfahren wird.

Praxistipp:
Beziehen Sie nach Möglichkeit die Mitarbeiter ein in die Vorbereitung. In der Regel erfahren Sie auf diese Art und Weise wirklich, wo es Probleme gibt, andererseits werden die Mitarbeiter motiviert, wenn Sie feststellen, dass es bei der Lean Einführung auch um die Beseitigung der von Ihnen genannten Störungen und Probleme geht.

Analyse der Verschwendungsarten

Eine weitere Möglichkeit besteht darin, Beispiele für Verschwendungs-
arten systematisch von den Mitarbeitern sammeln zu lassen. Dazu
nutzt man am besten ein Formular mit allen Verschwendungsarten.
Die Mitarbeiter erhalten zunächst eine Übersicht über die Lean
Administration Grundlagen und die verschiedenen Verschwendungs-
arten. Im Anschluss erhält jeder Mitarbeiter oder die Abteilung das
Verschwendungsformular mit der Aufforderung, über einen gewissen
Zeitraum zu sammeln, wo bei ihnen Verschwendung auftaucht.

Formular "Sehen Lernen" Verschwendungsarten

	Beispiel	Blindleistung	Bestände, Arbeitsvorräte	Bewegung (überflüssige)	Transport von Daten, Informationen	Wartezeit, Suchzeit	Fehler oder Nacharbeit	Arbeitseinsatz (Übererfüllung)	MA-Einsatz (falscher)	Meßgröße	Kommentar
1											
2											
3											
4											
5											
6											
7											
8											
9											

Abbildung 22: Formular: Verschwendungsarten

Vorteil: Die Mitarbeiter werden so schrittweise für das Sehen Lernen
von Verschwendung sensibilisiert und setzen sich mit den Lean Prinzipien aktiv auseinander. Der Lerneffekt ist dadurch deutlich höher
als bei einer reinen Lean Informationsveranstaltung.

Nachteil: Es gibt keinerlei Nachteile, man sollte aber darauf achten,
dass die Ergebnisse der Verschwendungsanalyse in den Lean Projekten
berücksichtigt werden.Es wäre äußerst kontraproduktiv, wenn das
Engagement der Mitarbeiter ins Leere laufen würde.

Auswertung vorhandener Daten

Die Auswertung unternehmensinterner Daten und Informationen ist ebenso hilfreich für die Ermittlung möglicher Optimierungsschwerpunkte und sollte bei jeder Lean Initiative geschehen. Das können Daten zu den Auftragsarten, Kundenreklamationen, Fehlerberichte oder Kostenübersichten sein. Oft sind Angaben im SAP verfügbar wie beispielsweise Start- und Abschlussdatum von Aufträgen und Projekten und geben so Aufschlüsse über deren Durchlaufzeit (die Zeit, die der Kunde auf Erledigung wartet).

Ein hilfreiches Tool kann an dieser Stelle die Auftragsstrukturanalyse – klassisch ABC Analyse - sein: Aufträge oder Produkte werden entsprechend ihrem Beitrag zum Umsatz oder Gewinn des Unternehmens klassifiziert. In der Regel wird ein Großteil des Umsatzes mit wenigen Produkten gemacht, z.B. 20% der Produkte generieren 80% des Gewinns oder Umsatzes. Mit der ABC Analyse werden Schlüsselprozesse sichtbar gemacht, die dann zur Optimierung herangezogen werden und es wird verhindert, dass man mit ‚Nebenschauplätzen‘ bei der Lean Optimierung startet.

Praxistipp:
Vorhandene Informationen, Projekte, Prozessbeschreibungen usw. sollten auf jeden Fall gesichtet und daraufhin überprüft werden, ob sie hilfreich bei der Lean Implementierung sein könnten. Nichts frustriert Mitarbeiter mehr, als wenn Ihnen Dinge, die sie sowieso schon erledigen, unter einem neuen Etikett verkauft werden.

3.5 Den Kunden besser verstehen

Ziel	Anforderungen des internen und externen Kunden besser erfassen
Begriff/Tool	Kundenbefragung, Kano Modell
Tipp	Auch die Anforderungen des internen oder Prozesskunden sollten genau analysiert werden

Das wichtigste Ziel im Lean Management ist es, die Wertschöpfung für den Kunden zu erhöhen. Der Kunde bei Lean Administration ist entweder:

- Der externe Abnehmer
- Eine Abteilung oder Einheit im Unternehmen
- Eine Person / Bereich innerhalb der eigenen Abteilung

Ein genauer Blick darauf, wie die Anforderungen der Kunden in die Organisation eingesteuert werden, sollte am Anfang jeder Lean Einführung stehen. Zum externen Kunden gibt es normalerweise Schnittstellen wie Vertrieb, Marketing, Auftragsabwicklung etc.. Prozesse, um den internen Kundenbedarf zu ermitteln, sind selten zu finden. Dabei kann durch eine genaue Abfrage des Kundenbedarfs die Erstellung von Leistungen wesentlich besser auf den tatsächlich vorhandenen (nicht gedachten!) Kundenbedarf ausgerichtet werden. Es wird außerdem verhindert, dass Prozesse optimiert werden, die keiner mehr braucht: *„Das Richtige richtig tun"* mit Fokus auf Effizienz und Effektivität steht deshalb im Mittelpunkt jeder Lean Administration Implementierung.

Eine Kundenbefragung kann Aufschlüsse über die Erwartungen der (internen) Kunden geben und der erste Schritt zum Aufbau eines

Kunden - Lieferanten Verhältnisses sein. Eine Kundenbefragung beinhaltet die Schritte

- Definition der Ziele
- Definition der zu befragenden Kundengruppen
- Entwicklung eines Fragebogens
- Organisation und Durchführung der Kundenbefragung
- Auswertung und Kommunikation der Ergebnisse
- Nachbereitung und Ableitung von Handlungskonsequenzen

Auch über Interviews oder Kundenworkshops kann der Bedarf genauer bestimmt werden. Die Methode hängt im wesentlichen von der Größe des Bereichs beziehungsweise der Anzahl der Kunden oder Kundengruppen ab. Durch die systematische und strukturierte Analyse der Anforderungen des internen Kunden entsteht Transparenz und damit eine wichtige Basis für die Durchführung von Verbesserungen.

Ein hilfreiches Tool zum besseren Verständnis der Kundenanforderungen ist das ursprünglich aus dem Qualitätsmanagement stammende „Kano Modell" (Kano 1984). Dazu werden die Kundenanforderungen nach folgenden Merkmalen klassifiziert:

- **Basis-Merkmale**: selbstverständliche Eigenschaften, die erst auffallen, wenn sie nicht erfüllt werden, aber bei einer Übererfüllung nicht weiter auffallen.
  - **Beispiel:** Gehaltsüberweisung durch Personalabteilung
    - Führen der Personalakte
    - Bearbeitung der Reisekosten
- **Leistungs-Merkmale:** diese erwartet der Kunde und sie schaffen die Kundenzufriedenheit, je nach dem Ausmaß der Erfüllung
  - **Beispiel:** Beratung über mögliche Weiterbildungsmöglichkeiten und Personalentwicklung durch die Personalabteilung.

- **Begeisterungsmerkmale:** werden vom Kunden nicht erwartet, die Erfüllung begeistert aber den Empfänger und trägt damit erheblich zur Kundenzufriedenheit bei.
  - **Beispiel:** Mitarbeiter aus der Personalabteilung kommen zu den Mitarbeitern vor Ort, um Personalgespräche zu führen.

Mit dem Kano Modell wird sehr schnell deutlich, welche Leistungen vom Kunden gewünscht werden, wo eventuell überflüssiger Aufwand betrieben wird und wie man seine Kunden begeistern kann. Gerade in indirekten Unternehmensbereichen, in denen das Kunden-Lieferantenverhältnis traditionell nicht stark ausgeprägt ist, kommt man mit dem Kano Modells sehr schnell zu einem wesentlich besseren und differenzierterem Kundenverständnis. Manchmal braucht es etwas Kreativität, um beispielsweise in der Reisekostenabrechnung begeisternde Faktoren zu finden, aber es lohnt sich auf jeden Fall.

Projektbeispiel:
Dienstreisen. In einem mittelständischen Unternehmen werden Dienstreisen für alle Mitarbeiter zentral verwaltet und gebucht. Jährlich fallen mehrere tausend Reisen an. Eine Analyse des Kundenbedarfs mit dem Kano Modell kam zu folgenden Ergebnissen:

- **Basismerkmale**: rechtzeitige Buchung von Bahn, Flügen, Mietwagen, Hotels, Abrechnung der Auslagen, zeitnahe Überweisung der Spesen
- **Leistungsmerkmale**: Erreichbarkeit und Entfernung zwischen Hotel und Einsatzort, Berücksichtigung von Sonderwünschen, geringe Wartezeiten bei Wechsel der Verkehrsmittel
- **Begeisterungsmerkmale**: Automatische Erinnerung mit übersichtlichen Reiseinformationen 24 Stunden vor Abreise; bei Auslandsreisen Länderinformationen mit kleinem Sprachführer; SMS Service für Flugtickets

Wie man sieht, kann man sogar mit einer Reiseplanung für Begeisterung bei den internen Kunden sorgen. Weitere Ansätze gibt es überall: anschaulich aufbereitete Zahlen im Controlling, benutzerfreundliche IT – Funktionalität etc. Natürlich gibt es auch Grenzen und der Aufwand für die *Begeisterungsmerkmale* sollte realistisch bleiben. Aber gerade am Start einer Lean Einführung schärft das Kano Modell den Blick auf die Kundenanforderung und trägt damit zu einem tieferen Verständnis der Wertschöpfung – gerade auch in den indirekten Bereichen – bei.

__Praxistipp:__
__Überlegen Sie eine Zeitlang bei allem was Sie tun, wer Ihr Kunde ist.__
__Was erwartet er wirklich? Wie könnten Sie ihn begeistern? Sensibilisieren Sie Ihre Mitarbeiter und Kollegen für diese Denkweise in kleinen, regelmäßigen Schritten.__

3.6 Die Veränderungsfähigkeit im Vorfeld einschätzen

Ziel	Abschätzung des möglichen Widerstandes
Begriff/Tool	Formel zur Bewertung des Veränderungserfolges
Tipp	Bewertung gemeinsam in der Gruppe durchführen und die Ergebnisse diskutieren

Die Einführung von Lean Administration setzt in der Regel einen tiefgreifenden Veränderungsprozess voraus und, wie wir alle wissen, trifft nicht jede Veränderung automatisch auf begeisterte Mitarbeiter. Deshalb sollte man sich im Vorfeld der Lean Einführung auch Gedanken über die grundsätzliche Veränderungsfähigkeit und den möglicherweise zu erwartenden Widerstand machen. Dazu gibt es einiges an Methoden und Tools, Change Assessments und vieles mehr, was sicherlich nützlich, teilweise aber auch sehr aufwendig ist.

Sehr hilfreich ist in diesem Zusammenhang eine Formel von Dannemiller & Tyson, zwei amerikanischen Soziologen, die sich mit der Gruppendynamik von Veränderungen befasst haben (Doppler 2014). Mit dieser Formel kann man sehr schnell die Erfolgsaussichten einer Veränderung abschätzen und gleichzeitig wird sichtbar, wo Handlungsbedarf besteht und das Management nachsteuern muss.

Die Formel lautet:

$$R < D \times V \times F$$

R esistance: ist der zu erwartende Widerstand einer Veränderung

D issatisfaction bezeichnet die aktuelle Unzufriedenheit mit einer Situation

V ision ist die Vorstellung eines besseren Zustandes

F irst Steps ist der Glaube an die Umsetzbarkeit der Veränderung

Nur wenn der zu erwartende Widerstand bei einer Veränderung kleiner ist als das Produkt aus Einsicht in die Notwendigkeit, die Vision und der Glaube an die Realisierbarkeit, hat das Änderungsvorhaben Aussicht auf Erfolg. Kein Faktor des Produktes darf mit 0 bewertet sein, da sonst das Gesamtergebnis bei 0 liegt. Die Formel beruht auf der einfachen, nachvollziehbaren Erkenntnis, dass es vernünftige Gründe und ein erreichbares Ziel für eine Veränderung geben muss. Die Bewertung des möglichen Widerstandes sowie der weiteren Faktoren beruht auf einer Einschätzung der Führungskräfte und der Mitarbeiter des Unternehmens.
Es besteht auch die Möglichkeit, ein Punktesystem zu nutzen. Dazu werden jeweils Punkte vergeben (z.B von 1 – 5) und die einzelnen Bestandteile bewertet.

Projektbeispiel:

- In einer größeren Klinik wollte man mit Lean Administration starten. Die Anwendung der Formel zeigte großen zu erwartenden Widerstand (R), hohe Unzufriedenheit mit der aktuellen Situation (D) – aber keinerlei Glauben an die Durchführbarkeit von Veränderungsmaßnahmen. In Zahlen mit dem Punktesystem sah das folgendermaßen aus: $4 > 3 \times 2 \times 0$. Das Projekt schien also nicht erfolgsversprechend.

- Im Detail zeigte sich, dass wichtige Schlüsselpositionen mit absoluten Gegnern jeglicher Veränderung besetzt waren. Daraufhin verschob die Klinikleitung das Projekt um einige Monate und führte zunächst einige organisatorische Änderungen (Umbesetzungen) und Schulungsmaßnahmen durch. Die später startende Lean Einführung verlief dann noch sehr erfolgreich.

Die Formel zeigt nicht nur, ob eine Veränderung realistische Chancen auf Erfolg hat, sondern auch, wo eventuell noch nachgesteuert werden muss und liefert dadurch konkrete Handlungsvorgaben für das Management zur Überwindung des bestehenden Widerstandes. Hier dazu einige Vorschläge:

Gering ausgeprägt	Handlungsempfehlung/Beispiele
D - issatisfaction	· Wirtschaftliche Rahmenbedingungen darstellen · Wettbewerbssituation erläutern · Zu erwartende künftige Entwicklung aufzeigen
V ision	· Die Vision des Unternehmens erarbeiten und kommunizieren · Die Verbesserungen für die Mitarbeiter darstellen · Die Chancen aufzeigen für den einzelnen durch die Veränderung
F irst Steps	· Aktions- Projektplan aufsetzen · Ressourcen zur Verfügung stellen · Know How aufbauen und Schulungskonzept erarbeiten · Engagement und Vorbild der Führungskräfte

Abbildung 23: Handlungsempfehlungen

Praxistipp:

Gehen Sie ganz spontan vor, wenn Sie den möglichen Widerstand sowie die zur Überwindung notwendigen Faktoren einschätzen. In der Regel liegt man intuitiv richtig. Zur Absicherung können Sie weitere Mitarbeiter und Führungskräfte befragen.

3.7 Die Information der Mitarbeiter – das Kommunikationskonzept

Ziel	Abholen der Mitarbeiter durch richtige und ausreichende Kommunikation
Begriff/Tool	Das Kommunikationskonzept
Tipp	So früh wie möglich die Mitarbeiter ausreichend informieren

Sobald die Entscheidung über die Einführung von Lean Administration gefallen ist, sollte über ein entsprechendes Kommunikationskonzept nachgedacht werden. Sicherlich steigt der Bedarf an Kommunikation mit zunehmendem Projektfortschritt, aber bereits in der Vorbereitung sollten die richtigen Botschaften adressiert werden, um die Verselbstständigung von Gerüchten ('Flurfunk') und den dadurch möglicherweise aufkommenden Widerstand zu vermeiden.

Es ist vorgekommen, dass Mitarbeiter der Überzeugung waren, sie sollten wegrationalisiert werden. Dazu gab es in dem konkreten Fall überhaupt keinen Anlass – man hatte nur versäumt, rechtzeitig über geplante Projekte zu informieren. Die Motivation der Mitarbeiter für Lean ist unter solchen Umständen natürlich kaum vorhanden. Ein Großteil von Problemen lässt sich auf die Nichtbeachtung einiger weniger Regeln beziehungsweise Grundsätze zurückführen. Im Gegenzug heißt das, dass durch Beachtung dieser wenigen Grundsätze schon eine Basis für eine funktionierende Kommunikation gelegt wird. Es geht um die folgenden Punkte:

1. *Information versus Kommunikation*

Abbildung 24: Information

Informieren ist nicht kommunizieren. Informieren bedeutet das Aussenden einer Nachricht, ohne weiter zu prüfen, was mit dieser Nachricht geschieht. Bei der Kommunikation handelt es sich um einen Prozess zwischen Sender und Empfänger einer Nachricht. Bestandteil dieses Prozesses ist auch zu prüfen, inwieweit der Empfänger die Nachricht im Sinne des Senders bekommen und verstanden hat.

Abbildung 25: Kommunikation

Die Nichtbeachtung dieser Unterschiede führt oft zu Missverständnissen, z.B. wenn eine Führungskraft eine Anweisung gibt, ohne sich zu vergewissern, ob diese auch in seinem Sinne verstanden wurde und sich später wundert, dass die Anweisung nicht ausgeführt wurde.

Sicherlich reicht es in vielen Fällen aus, wenn die Mitarbeiter informiert werden. In komplexeren Zusammenhängen und besonders, wenn Veränderungen seitens der Mitarbeiter erwartet werden, sollte man sich immer vergewissern, dass die Mitarbeiter auch verstanden haben, was von Ihnen erwartet wird. Erfahrungsgemäß beruht ein hoher Prozentsatz von angeblichem Widerstand alleine auf der Nichtbeachtung dieser Regel.

2. *Nur 20% des Gehörten wird auch behalten*

Bereits seit langem ist bekannt, dass durch einmaliges Hören einer Information nur 20% davon im Gedächtnis bleibt (u.a. Leitner, 2011). Warum bloß werden daraus in den Unternehmen keine Konsequenzen gezogen?

Bei einer Lean Einführung bleibt folglich nach einem Informationsvortrag nur 20% des Inhaltes bei den Mitarbeitern ‚hängen‘. Somit wird offensichtlich, warum so viele Lean- oder andere Veränderungsprojekte scheitern. Durch einmaliges Informieren wird es kaum gelingen, nachhaltige Veränderungen in Gang zu setzen. Viele große Projekte – unter anderem auch Fusionen – sind an dieser Hürde gescheitert.

Die Konsequenz für unsere Arbeit ist, dass die Kommunikation genauso geplant werden muss wie andere Bestandteile der Lean Einführung und dass – ausnahmsweise – Kommunikation auch redundant sein darf, ja sogar sein muss. In diesem Fall handelt es sich nicht um Doppelarbeit im Sinne einer der Verschwendungsarten.

3. *Kommunikation ist auch nicht sprachlich*

Kommunikation findet unter Umständen auch statt, ohne dass gesprochen wird, d.h. Botschaften werden gesendet und landen bei einem Empfänger, ohne dass der Sender das beabsichtigt (Watzlawick, 2011). Schmerzlich erfahren wir das beim sogenannten Flurfunk. Das Problem ist in diesem Fall, dass der Inhalt der Botschaft sich verselbständigt und nicht mehr gesteuert werden kann. So entstehen Gerüchte, der Widerstand formiert sich und alle wundern sich, warum die Mitarbeiter nicht mitziehen. Eine Kultur des regelmäßigen Informationsaustausches mit den Mitarbeitern, die auch fortgeführt wird, wenn es mal nichts Neues gibt, beugt dieser Verselbständigung von Botschaften vor.

Der Kommunikationsplan

Die sorgfältige Planung der Kommunikation ist ein wichtiger Bestandteil der Lean Implementierung. Der anfängliche Aufwand amortisiert sich sehr schnell durch eine reibungslosere Projektabwicklung. Die Erstellung eines Kommunikationsplans sollte Bestandteil jeder Lean Einführung sein. Hilfreich hierzu ist die 4-stufige PDCA Systematik nach Deming. Es handelt sich um einen iterativen Prozess in vier Phasen, der nach Abschluss wieder neu durchlaufen wird. Durch die konsequente Befolgung wird der Übergang in einen kontinuierlichen Verbesserungsprozess gewährleistet.

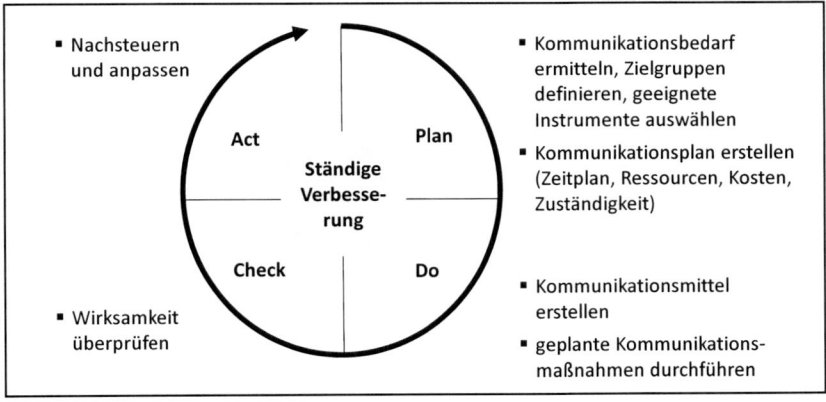

Abbildung 26: der Kommunikationsplan

Im Rahmen der Erstellung des Kommunikationsplans sind die folgenden fragen zu klären:

- Welche Inhalte, Botschaften müssen mitgeteilt werden?
- Wer sind die Zielgruppen?
- Welche Zielgruppe braucht welche Inhalte?
- Wie und mit welchen Medien werden die Zielgruppen erreicht?
- Woran erkennt man die Wirksamkeit – wie wird geprüft?
- Wo muss eventuell noch gegengesteuert und angepasst werden.?

Die Auswahl der geeigneten Kommunikationsmittel hängt von der Zielgruppe, der Größe der Zielgruppe und dem zu erwartendem Ergebnis ab, d.h. was ist das Ziel dieser Informationen? Es ist ein Unterschied, ob ich eine Handvoll Mitarbeiter informieren muss oder die Belegschaft eines großen Konzerns. Außerdem hängt das Kommunika-tionskonzept auch davon ab, was mit der Information geschehen soll: reicht eine passive Information oder werden Aktivitäten oder sogar Veränderungen aufgrund der Information erwartet? In diesem Fall sind sicherlich höhere Ansprüche an das Kommunikationskonzept zu stellen – aber gerade damit haben wir es bei unserer Lean Einführung in der Regel zu tun. Sehr nützlich für die Umsetzung ist eine Excel Vorlage zum Kommunikationsplan. Bereits das Zusammenstellen möglicher Zielgruppen führt in der Regel schon zu Überraschungen. Durch diese systematische Vorgehensweise werden Zielgruppen und Informationsbedarfe aufgedeckt, an die zunächst überhaupt nicht gedacht wurde, die aber durchaus wichtig für die Erfolge der Lean Implementierung sind.

Zielgruppe	Welche Informationen?	Medien
Prozess-beteiligte	Sollprozess	Visio Plott, Flyer, Onepager, Board, Kick Off/Infoveranstaltung zur Klärung weiterer Fragen & Problemen, Kick Off, Liste
	Aktualisierte Phasenliste	
	Maßnahmenplan & Status	
	Verantwortliche , Organisation	
Vorgesetzte AL	Sollprozess	Visio Plott, Flyer, Onepager, Board, Kick Off/Infoveranstaltung zur Klärung weiterer Fragen & Probleme
	Aufgabe, Rolle	Einzelgespräch
Segmentleiter	Überblick Prozessergebnisse	Visio Plott, Broschüre, Board
	Kennzahlen, Potentiale	
Sozialpartner	Statusbericht zum Soll-Design vor Kick Off	Bericht
Mitarbeiter	Überblick Prozessergebnisse	Mitarbeiterveranstaltung
	Kennzahlen, Potentiale	
	Hintergründe, ZDF allgemeine	
Process Owner	Sollprozess	Visio Plott
	Maßnahmen	Maßnahmenliste
	Kennzahlen/Potentiale	Kennzahlen
Steering Committe	Überblick Prozessergebnisse	Statusbericht
	Kennzahlen, Potentiale	
Lean Expert	Sollprozess	Viso Plott, Vorstellung durch MA
	Maßnahmen	
	Kennzahlen/Potentiale	
	Steuerungsinstrumente	
	Aufgabe, Rolle	Einzelgespräch
	Eskalationsstufen	

Abbildung 27: Beispiel Kommunikationsplan

3.8 Projekte aufsetzen und Projektorganisation

Ziel	Transparente und standardisierte Projektvorgehens-weise
Begriff/Tool	A3 Report, Kennzahlen, Projektformulare
Tipp	Projektdokumentationen kurz und standardisiert halten – das erhöht den Wiedererkennungseffekt

Nach den bis jetzt beschriebenen Schritten werden die Lean Projekte aufgesetzt.

Transparenz und standardisierte Vorgehensweise sind wichtige Elemente bei der Lean Einführung – ganz besonders in größeren Organisationen und bei umfangreichen Projekten. Eine einheitliche Vorgehensweise und Dokumentation der Projekte hilft, ein gemeinsames Verständnis zu Lean Administration aufzubauen. Dabei gilt auch, dass die Projektdokumentation ‚Lean‘ sein sollte, d.h. so viele Vorlagen und Templates wie nötig, so wenig wie möglich. Die folgenden Vorlagen haben sich vielfach bewährt und liefern die Grundlagen der Lean Projektdokumentation:

1. Formular Projekt Setup
2. Projektübersicht- oder fortschrittliste
3. A3 Report
4. Maßnahmenliste
5. Kennzahlen zur Projektsteuerung
6. Kennzahlensteckbrief

1. Formular Projekt Setup

Zu Beginn eines Projektes sind grundlegende Rahmenbedingungen zu klären, hierzu ein Formularbeispiel.

Vorlage Projektsetup					
Projekttitel					
Beteiligt	Projektleiter	Mitarbeit	Mitarbeit	Mitarbeit	Führungskraft
Ausgangsituation					
Zielsetzung					
Abgrenzung des Gegenstandes					
KPIs/messgrößen					
Notwendige Ressourcen					
Zeitplan					
Mögliche Hindernisse					
Offene Punkte					

Abbildung 28: Formular Projekt Setup

Das Projekt Setup Formular wird im Vorfeld eines Projektes genutzt mit dem Ziel, die Rahmenbedingungen eines Projektes festzulegen und dokumentiert ein einheitliches Verständnis. Ein Ergänzungsfeld mit Unterschrift der Führungskraft wäre auch denkbar.

2. Projektfortschrittsliste

Gerade wenn mehrere Projekte gleichzeitig gestartet werden, empfiehlt es sich, diese in einer Gesamtübersicht zu dokumentieren. In diese Übersicht gehören kurz das Thema, der Verantwortliche sowie der geplante Endtermin und eventuell der jeweils dokumentierte Fortschritt. Falls mit Phasenmodellen (s.o) gearbeitet wird, sollte der Projektfortschritt entsprechend eingearbeitet sein.

Die Projektfortschrittsliste dient der Steuerung mehrerer Projekte und erlaubt den Abgleich untereinander. In der Regel steuert der Lean Koordinator die Lean Projekte mit Hilfe der Liste (eventuell als elektronisches Tool).

3. A3 Report

Ursprünglich als Dokumentenvorlage zur strukturierten Vorgehensweise in Problemlösungsprozessen, ist der A3 Report ein unersetz-
liches Tool zur Steuerung von Lean Projekten. Den Namen verdankt
er der Darstellung auf einem Blatt im A3 Format. Der Aufbau folgt
dem Demingkreis – <u>Plan</u> <u>Do</u> <u>Check</u> <u>Act</u>. Dem entsprechen die 7
Felder im A3 Report.

Hintergrund/Motivation	Maßnahmen
Ist-Situation/Ausgangssituation	
	Wirksamkeit
Zieldefinition	
Ursachenanalyse	
	Stabilisierung/Standardisierung

Abbildung 29: Vorlage A3 Report

Der A3 Report wird projektbegleitend ausgefüllt und ersetzt nicht
die Projektdokumentation (Wertstromaufnahme etc). Der Vorteil
liegt darin, dass alle relevanten Projektinformationen übersichtlich auf einer Seite zu finden sind und die visuelle Darstellung die
Standardisierung unterstützt. Bei der Überführung von Projekten in
die kontinuierliche Verbesserungsphase ist der A3 Report hilfreich
und wichtiger Bestandteil des Shopfloormanagement: Jedes Lean
Projekt wird einheitlich und knapp präsentiert – die Basis für ein
gemeinsames Verständnis wird somit gelegt.

Praxistipp:
Nutzen Sie den A3 Report mit Beginn jedes Projektes und füllen Sie die Felder parallel zu den jeweiligen Projektphasen aus. Denken Sie daran, dass es sich um ein visuelles Darstellungsmittel handelt und nutzen Sie nach Möglichkeit Bilder der Prozesse, Diagramme etc.

4. Kennzahlensteckbrief

Kennzahlen sind ein wichtiges Mittel zur Steuerung von Lean Projekten – Zitat: *„Kann man Lean nicht messen – kann man Lean vergessen"*. Durch Kennzahlen werden die Kosten für Verschwendung transparent, Potentiale sichtbar und die Erfolge von Lean Projekten ausgewiesen. Maßnahmen können anhand von Kennzahlen auf ihre Wirksamkeit überprüft und bei Bedarf angepasst werden. Eine hilfreiche Vorlage hierzu ist der Kennzahlensteckbrief zur einheitlichen Dokumentation und Überprüfung der verwendeten Kennzahlen.

Kennzahl		Zielsetzung		
Bezeichnung	Beschreibung	Qualität	Kosten	Zeit
Berechnungsformel	Datenherkunft/Lieferant	Auswertungszyklus		
Wechselwirkung mit KPIs	Anmerkungen	Auswertungsdatum		

Abbildung 30: Kennzahlensteckbrief

Praxistipp:
Der Aufwand für regelmäßige Erhebung und Auswertung der Kennzahlen sollte in vernünftiger Relation zu dem Nutzen stehen. Lieber weniger Kennzahlen, diese aber regelmäßig erheben und prüfen. Der Benefit von Kennzahlen entsteht normalerweise durch die Regelmäßigkeit.

4. Die Analyse

Die Voraussetzung für die Beseitigung von Verschwendung ist es, diese zunächst diese zu identifizieren. Deshalb ist die sorgfältige Analyse des tatsächlich gelebten Ist – Zustandes der erste Schritt auf dem Weg der Verbesserung. Erst wenn die Lücke/Diskrepanz zwischen dem aktuellen Zustand und dem angestrebten Zielzustand genau beschrieben ist, können Wege zur Überwindung dieser Lücke entwickelt werden. Für die Analyse stehen eine Reihe von Werkzeugen aus der Lean Administration Toolbox zur Verfügung mit der Wertstromanalyse im Mittelpunkt. Bei der Auswahl der Werkezuge ist auch zu berücksichtigen, auf welcher Ebene die Veränderung stattfindet. Dazu werden sogenannte ‚Kaizen' Ebenen unterschieden

4.1 Die Kaizen Ebenen der Verbesserung

Ziel	Auf der richtigen Flughöhe starten
Begriff/Tool	Punkt – Fluss – System Kaizen
Tipp	Punkt Kaizen als Einstieg, dann zügig auf der Flussebene die Prozesse verbessern

Kaizen bedeutet wörtlich die „Veränderung zum Guten". Damit ist eine kontinuierliche Verbesserung in kleinen Schritten gemeint. Das entspricht dem Begriff der kontinuierlichen Verbesserung (KVP).

Kaizen ist Bestandteil des Lean Managements und steht für die tägliche Umsetzung der in Analyse und Sollkonzept definierten Maßnahmen zur Verbesserung. In Abhängigkeit von der Komplexität und der Anzahl der Schnittstellen unterscheidet man drei Kaizen Ebenen.

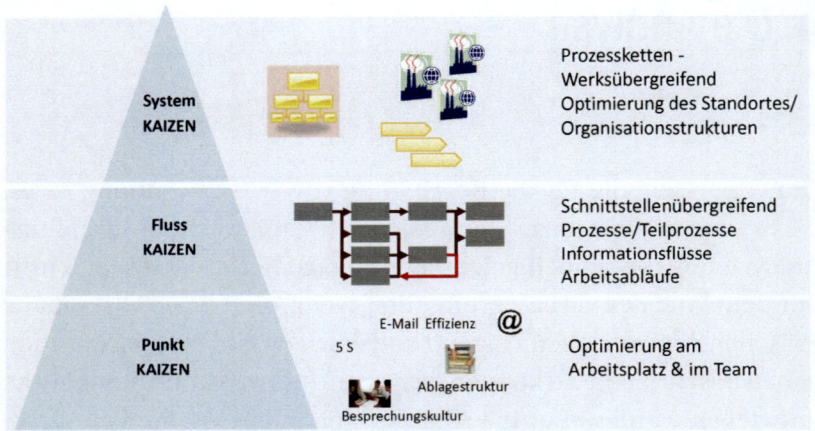

Abbildung 31: die Kaizen Ebenen

Punkt Kaizen

Hier geht es um die Verbesserungen am Arbeitsplatz und im direkten Arbeitsumfeld. Betroffen sind Arbeitsplätze, Schränke, Ablagestrukturen, aber auch Beschaffung von Büromaterialien, Besprechungskultur, Emaileffizienz. Schnittstellen sind nur innerhalb der Gruppe oder Abteilung vorhanden. Optimiert wird hier in der Regel mit der 5S Methode. Verbesserungen sind recht schnell umzusetzen, erreichen viele Mitarbeiter und unterstützen den Wissensaufbau und die Motivation für Lean. Die (finanziellen) Effekte sind in der Regel überschaubar.

Fluss Kaizen

Schnittstellenübergreifend stehen hier die Prozesse im Mittelpunkt. In der Regel werden diese abteilungsübergreifend oder bereichsübergreifend optimiert. Die Fluss Ebene ist der zentrale Ausgangspunkt für

Lean Aktivitäten. Aufgrund der Schnittstellen sind Projekte auf dieser Ebene deutlich komplexer. Als Methoden eingesetzt werden hier die Wertstromanalyse, die Tätigkeitsstruktur- und Informationsstrukturanalyse. Eine professionelle Moderation durch ausgebildete Lean Experten ist notwendig. Die Verbesserungseffekte sind weitreichend und lassen sich auch in der Kostenstruktur nachweisen

System Kaizen
Nach der Optimierung auf der Prozessebene geht es in der letzten Stufe darum, die Strukturen den optimierten Prozessen anzupassen und die Aufbauorganisation entsprechend zu gestalten. Auch steht hier die standort- oder werksübergreifende Anpassung der Prozesse auf dem Programm. Das ist eine der anspruchsvollsten Herausforderung im Rahmen der Lean Implementierung. Die Potentiale, die hier gehoben werden können, sind aber erheblich. Die Optimierung auf dieser Ebene erfolgt in der Regel nach der erfolgreichen Implementierung des Fluss – Kaizen.

Auf welcher Ebene starten?
Man kann mit Projekten auf Arbeitsplatz- und Teamebene (Punkt Kaizen) starten, diese zunächst flächendeckend ausrollen und danach erst mit der Prozessverbesserung beginnen. Diese Vorgehensweise wird von einigen Großunternehmen umgesetzt. Begründet wird das damit, dass man so die Mitarbeiter auf breiter Ebene erreicht und zur Einführung von Lean Administration motiviert.

Empfehlenswert ist es aber, parallel zu Projekten auf Arbeitsplatz- und Teamlevel (Punkt – Kaizen), relativ zügig mit der Prozessoptimierung zu starten (siehe auch hierzu das Fallbeispiel). Mit einem Mix aus Ausbildung, ersten kleineren Projekten und der Wertstromaufnahme kommt es zu einer zügigen Lean Implementierung. Die ersten Wertstromanalysen sollten nicht zu komplex sein, unter Umständen auch segmentiert in mehrere Abschnitte. Diese Vorgehensweise hat die folgenden Vorteile:

- Die eigentlichen Optimierungspotentiale findet man in den administrativen Bereichen in der Regel auf der Prozessebene. Wenn man hier zügig startet, können relativ schnell erkennbare Verbesserungen realisiert werden, wodurch die Mitarbeiter und auch die Führungsebene motiviert werden. Die Wertstromanalyse findet in der Regel mit den betroffenen Mitarbeitern statt und besteht aus der Aufnahme und Visualisierung der tatsächlich gelebten Prozesse. Dieser Austausch mit den Kollegen darüber, wie es tatsächlich läuft und der gemeinsame Abstimmungsprozess über den Wertstrom überzeugt in der Regel selbst die größten Skeptiker von der Methode. Manchmal sind Mitarbeiter nach diesen Workshops kaum noch zu bremsen. Sehr wichtig hierbei ist jedoch, dass diese Workshops professionell moderiert werden, man sollte hier auf keinen Fall Anfänger einsetzen.

Im Idealfall werden die Punkt und Fluss - Kaizen Ebenen kombiniert. Durch Projekte auf Arbeitsplatz- und Teamlevel werden auch die Mitarbeiter für Verschwendung sensibilisiert, die nicht an den Prozessworkshops teilnehmen und bekommen eine strukturierte Vorgehensweise zur Durchführung von Verbesserungen an die Hand.

4.2 5S im Office

Ziel	Ordentliche und standardisierte Arbeitsumgebung
Begriff/Tool	5S
Tipp	Mit 5S auch die Datenablage strukturieren

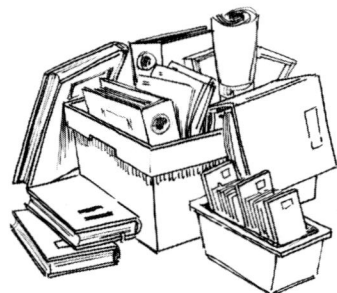

Abbildung 32: Unordnung im Büro

5S im Office ist als Basismethode unverzichtbar für die Lean Implementierung und wurde zunächst zur Schaffung von Ordnung und Sauberkeit in der Fertigung eingesetzt. Im Bürobereich wird mit der 5S Methode eine saubere und standardisierte Arbeitsumgebung geschaffen. 5S kann in folgenden Bereichen angewendet werden:

- Persönlicher Arbeitsbereich
- Öffentliche und gemeinsam genutzte Räume
- Konferenzräume
- Büromaterial, Archiv, Aufbewahrung
- Datenablage auf dem Server

Mit 5S werden die Verschwendungsarten wie Suchen, Doppelarbeit oder Lagerhaltung/Bestände vermieden. Die ersten Schritte erinnern dabei an das klassische Ausmisten und Ordnung schaffen, die eigentliche Herausforderung besteht dann darin, die Ordnung langfristig einzuhalten und im Laufe der Zeit zu verbessern. Eine 5S Aktion wird mit den betroffenen Mitarbeitern durchgeführt und sollte gut vorbereitet werden. Zur Vorbereitung gehört:

- Vorstellung der Methode und Klärung von Fragen
- Klärung der Entsorgung (Container, Sondermüll etc.) und Reinigungsmittel besorgen
- Kamera und Etikettendrucker, eventuell auch ein Laminiergerät beschaffen, diese sind hilfreich bei der Visualisierung der neuen Ablagestruktur und damit Basis für die Standardisierung

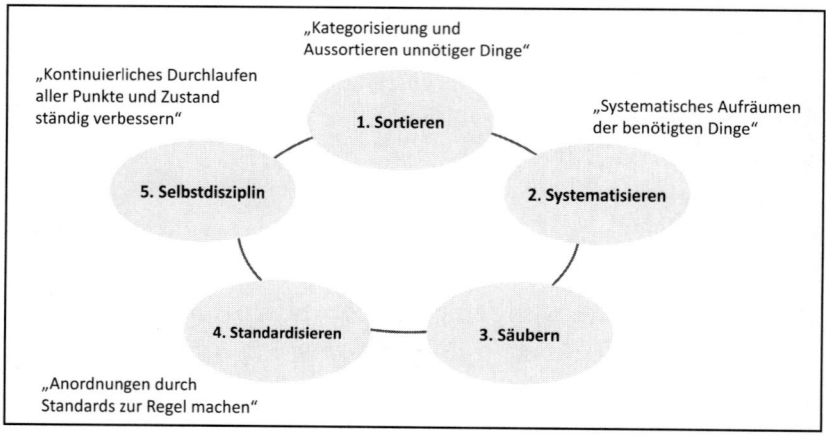

Abbildung 33: Die fünf Schritte einer 5S Aktion

1. Aussortieren

Alle Gegenstände – oder auch Daten – werden danach eingeteilt, ob sie gebraucht oder nicht mehr gebraucht werden, alles was nicht benötigt wird, wird entsorgt. Wenn man sich nicht ganz sicher ist, bietet sich eine zeitlich befristete Zwischenlagerung an (was übrigens auch den Mitarbeitern die Angst nehmen kann, dass ihnen etwas weggenommen wird, was sie später doch noch benötigen). Wichtig ist aber immer, dass die betroffenen Mitarbeiter selbst entscheiden, was entsorgt wird oder nicht. Man sollte auch niemals Mitarbeiter zwingen, 5S in ihren persönlichen Schreibtischen durchzuführen. Bei Daten funktioniert das prinzipiell genauso – es wird festgelegt, welche Daten benötigt werden, welche Versionen die aktuellsten sind etc. und was übrig bleibt wird gelöscht. Auch hier gibt es die Möglichkeit einer zeitlich befristeten Zwischenspeicherung auf externer Festplatte oder DVD.

Abbildung 34: Aussortieren

2. Systematisieren

Für die verbleibenden Gegenstände, Unterlagen oder Daten wird nun der geeignete Aufbewahrungsort festgelegt. Auch hier gilt wieder: Ordnungssysteme, die von den Beteiligten selbst entwickelt werden, werden in der Regel auch genutzt. Bei der Festlegung elektronischer Ablagestrukturen oder Verzeichnisse sind – gerade in größeren Unternehmen – oft bereits bestehende Vorgaben zu berücksichtigen. Manchmal bleibt nur das Abteilungslaufwerk, das von den Beteiligten selbst strukturiert werden kann. Die Häufigkeit der Nutzung bestimmt die Anordnung – alles was täglich benötigt wird, sollte vom Arbeitsplatz erreicht werden, seltener gebrauchte Unterlagen können an entfernteren Plätzen aufbewahrt werden.

3. Säubern

Bevor die Gegenstände geordnet werden, sollte alles gesäubert werden. Sicherlich kommt diesem Punkt in der Fertigung eine etwas größere Bedeutung zu als im Bürobereich und sollte auch nicht überbewertet werden.

4. Standardisierung

Sobald die Gegenstände geordnet sind, muss diese Ordnung klar erkennbar sein, um zum Standard zu werden. Hier sollten visuelle Hilfsmittel wie Photos von Schrankinhalten oder Beschriftungen eingesetzt werden. Es erspart viel Suchzeit, wenn bei geschlossenen Schränken von außen erkennbar ist, was sich innen befindet.

Ähnliches gilt auch für die Datenablage: die Strukturen müssen nachvollziehbar und klar erkennbar sein, um von den Anwendern genutzt zu werden.

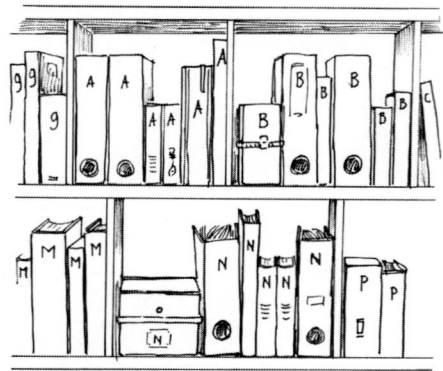

Abbildung 35: Standardisieren

5. Selbstdisziplin

Die einmal geschaffene Ordnung muss aufrechterhalten werden – das gelingt in der Regel nur, wenn Verantwortlichkeiten festgelegt werden und die Führungskräfte die Aktion unterstützen. Hier gilt es, bei Abweichungen von der Ordnung so schnell wie möglich gegenzusteuern durch Hinweise oder persönliche Gespräche – sowohl im Büro als auch bei der Datenablage.

Praxistipp:
Legen Sie rotierend die Verantwortlichkeiten für die Einhaltung der
Ordnung in den verschiedenen Bereichen fest – ein Zeitraum von ca.
3 Monaten ist oft am geeignetsten. Dadurch erfährt jeder am eigenen
Leib wie es ist, wenn die Kollegen die Ordnung nicht respektieren!

Projektbeispiel: 5S im Schulungsbereich

In einem großen Konzern mussten, auch aufgrund gesetzlicher Vorgaben, regelmäßige Sicherheitseinweisungen und Updates durchgeführt werden. Diese wurden online abgehalten und dauerten ca. 10 Minuten.

Das Problem war, dass sowohl der Verteiler als auch die verschiedenen Einweisungsarten historisch gewachsen waren, d.h. es kam immer Neues hinzu, ohne dass jemals Elemente entfernt wurden.

Hier ging man systematisch mit der 5S Methodik ans Werk:

1. *Aussortieren*: Zunächst wurde festgelegt, welche Einweisungen und Updates überhaupt notwendig waren, der Rest wurde gestrichen.
2. *Systematisieren:* Es wurden Rollen festgelegt und den Rollen Schulungen zugeordnet.
3. *Säubern:* Vom Verteiler wurden die Mitarbeiter gestrichen, die keine Schulungen benötigten.
4. *Standardisieren:* Im System wurden die Rollen mit den dazu gehörigen Schulungen hinterlegt.
5. *Selbstdisziplin:* Es wurde ein Prozess mit Verantwortlichen für die regelmäßige Überprüfung und Verbesserung festgelegt.

Das Resultat dieser Aktion war, dass der Aufwand für Sicherheitsanweisungen und Updates um 20% reduziert werden konnten.

Praxistipp:
Nutzen Sie 5S auch, um übergroße Verteiler zu entlasten!

4.3 Die Wertstromanalyse

Ziel	Systematische Analyse der Verschwendung in den Prozessen
Begriff/Tool	Wertstromanalyse – Visualisierung mit der Schwimm-bahndarstellung
Tipp	Wertstrom immer mit den beteiligten Mitarbeitern aufnehmen und zwar so, wie er tatsächlich gelebt wird – nicht wie er theoretisch sein sollte

Mit der Wertstromanalyse kommen wir zur Lean Administration Kernmethode. Als Wertstrom wird der Ablauf (Prozess) bezeichnet, mit dem eine Leistung (Wert) für einen Kunden (Abnehmer) generiert wird. Dieser Wertstrom wird gemeinsam mit den ausführenden Mitarbeitern zunächst analysiert und anschließend optimiert. Hierzu finden mehrere Workshops statt.

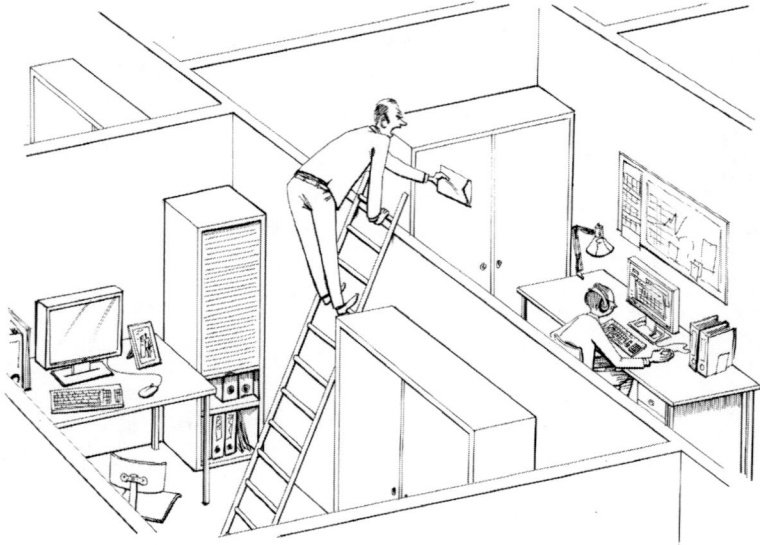

Abbildung 36: Jeder arbeitet für sich

Durch die Sicht auf den Prozess steht im Mittelpunkt der Betrachtung der Auftrag des Kunden und nicht die unternehmensinterne Organisation.

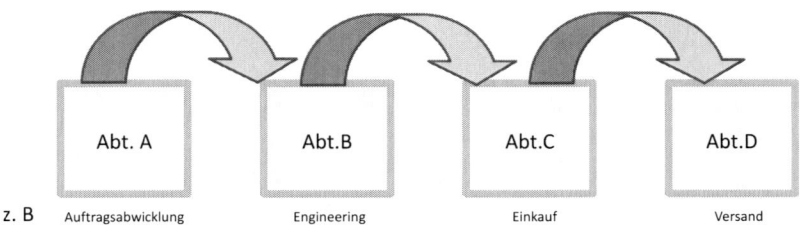

Abbildung 37: Funktionsorientierung

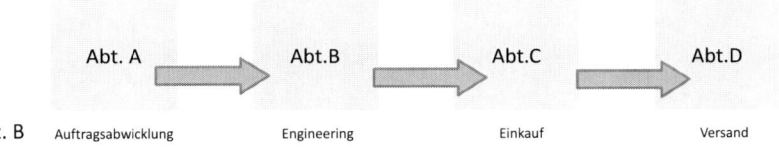

Abbildung 38: Prozessorientierung

Die Mitarbeiter erkennen durch die gemeinsame Aufnahme des Wertstroms, welchen Stellenwert und welche Auswirkung ihre eigene Arbeit für den gesamten Prozess hat und erfahren manchmal erst an dieser Stelle, was für Aufgaben die Kollegen im gleichen Büro eigentlich wahrnehmen.

Die Wertstromanalyse wird in mehreren Phasen durchgeführt und folgt damit der vorgestellten Klassifikation nach Projektphasen. Die Reihenfolge dieser Phasen sollte aus folgenden Gründen eingehalten werden:

- Die saubere **Ist – Analyse** ist Basis für eine erfolgreiche Verbesserung, denn erst wenn die Verschwendung erfasst wird, können Maßnahmen zu ihrer Beseitigung geplant werden.

- Mit einem **Sollkonzept** wird eine Richtung festgelegt für die Ausrichtung der Einzelmaßnahmen. Das Sollkonzept ist ein mittelfristig erreichbarer Zielzustand, an dem man sich bei der Umsetzung orientiert, um zu verhindern, dass einzelne Aktivitäten ins Leere laufen.
- Die **KVP Phase** dient der Stabilisierung der Ergebnisse und ist Voraussetzung für die weitere Optimierung. Diese Phase wird oft vernachlässigt. Deshalb ist hier genau zu überlegen, wie eine kontinuierliche Verbesserungskultur organisatorisch fest im Unternehmen verankert werden kann.

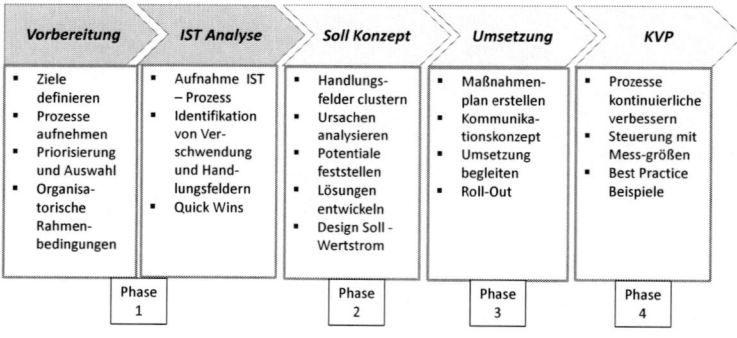

Abbildung 39: Vorgehensweise Wertstromaufnahme

Die Vorbereitung:

Zur Vorbereitung gehört neben der Auswahl der Wertströme auf Basis der definierten Ziele die Festlegung der organisatorischen Rahmenbedingungen und das dazugehörige Projektmanagement.

Falls die Auswahl der zu optimierenden Prozesse noch nicht klar ist, besteht die Möglichkeit, zunächst in Form einer Prozesslandkarte eine Übersicht über die Hautprozesse des Unternehmens zu erstellen und diese zu priorisieren.

Prozesse priorisieren mit Prozesslandkarte

- Sammeln aller Prozesse im Unternehmen oder Unternehmensbereich. Jeder Prozess hat einen Auslöser (Input) und Ergebnis (Output). „Kommunikation" wäre kein Prozess – aber „Beantwortung von Kundenanfragen" würde den Prozesskriterien entsprechen.
- Mit Hilfe von Karten können die einzelnen Prozesse gesammelt und eventuell geclustert werden, beispielsweise nach Kunden – Unterstützungs- oder Managementprozessen.
- Anschließend werden die Prozesse priorisiert, wobei die Priorisierung maßgeblich von den im Vorfeld festgelegten Zielen abhängig ist (siehe Kapitel 3). Denkbar wäre eine Priorisierung nach Wichtigkeit und geschätzter Höhe von Verschwendung, voraus sich eine Matrix erstellen lässt als Entscheidungskriterium für die auszuwählenden Prozesse.

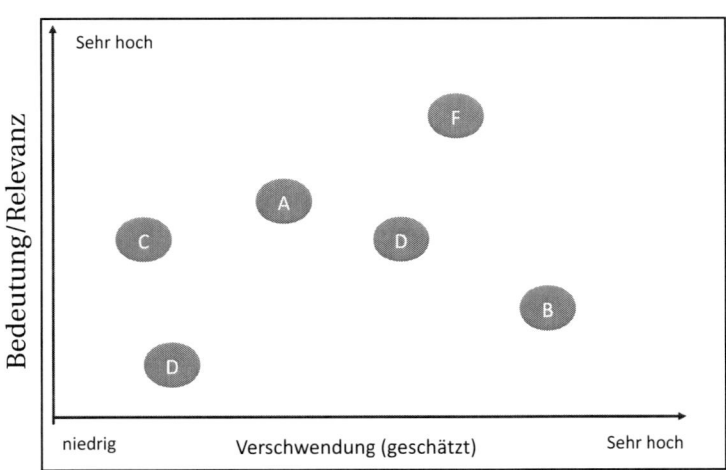

Abbildung 40: Matrix Prozessauswahl

Nach der Auswahl der Prozesse sind die folgenden Punkte zu klären:

- Um welches Produkt, um welche Leistung handelt es sich und welche Varianten gibt es?
- Wodurch wird der Prozess ausgelöst, wer ist der Kunde und was sind dessen Anforderungen?
- Wo beginnt der Betrachtungszeitraum: Start und Ende des Prozesses, Schnittstellen und beteiligte Organisationseinheiten.
- Prozessdaten wie Fallhäufigkeit, Fehlerquote, Kundenzufriedenheit, falls vorhanden.

Der ausgewählte Prozess sollte nicht zu komplex sein und im Zweifel in kleinere Abschnitte zerlegt werden. Als Daumenregel gelten ein bis zwei Workshoptage für die Aufnahme des Ist – Wertstroms. Kürzere Workshops sind nicht zu empfehlen, da es immer etwas Zeit braucht, um die Mitarbeiter mit der Methode vertraut zu machen.

Der Workshop sollte von einem Lean Experten moderiert werden, der neben Erfahrungen mit der Lean Management Methodik auch über gute Moderationsfähigkeiten verfügt. Die Aufnahme komplexer Wertströme ist nicht trivial und mit einem unerfahrenen Moderator besteht die Gefahr, die Mitarbeiter zu demotivieren. In diesem Fall dürfte es schwierig werden, die Wertstrommethode flächendeckend auszurollen.

Nichts vergessen? Hier eine Checkliste zur Vorbereitung der Wertstromaufnahme:

- Beteiligte Funktionen, Mitarbeiter und Moderator benennen
- Prozess abgrenzen (Start und Ende) und Varianten festlegen
- Mitarbeiter informieren, Projektplan erstellen und Termine kommunizieren
- Räumlichkeiten organisieren
- Moderationsmaterial beschaffen:
  - Brown Paper oder Schwimmbahnvorlagen
  - 1 – 2 Flipcharts
  - Prozesskarten (DIN A 6 Karten)
  - Farbige Filzstifte
- Einführung in die Wertstrommethode durchführen, am besten anhand eines anschaulichen Beispiels (Vorschlag: Baugenehmigung beantragen). Das kann auch zu Beginn des Workshops geschehen.

Abbildung 41: Schwimmbahnvorlage, Prozesskärtchen

Die Ist Analyse: Duchführung des Workshops

Der Ist - Wertstrom wird im Workshop aufgenommen und mit Hilfe der Schwimmbahndarstellung abgebildet. Der Vorteil besteht darin, dass tatsächlich auftauchende Probleme und Schwierigkeiten erfasst werden und man durch die Visualisierung zu einem einheitlichen Verständnis der Abläufe gelangt. Dabei kann es zu sehr heftigen Diskussionen kommen und oft werden hier erst die unterschiedlichen Auffassungen zu scheinbar eindeutigen Tätigkeiten und Aufgaben ersichtlich. Beispielsweise unterschiedliche Terminauffassungen seitens der Kaufleute und seitens der Techniker.

In den Schwimmbahnen werden die einzelnen Arbeitsschritte dokumentiert sowie Zeiten und alle Probleme – Handlungsfelder –, die bei der Aufnahme zur Sprache kommen (Flipchart).

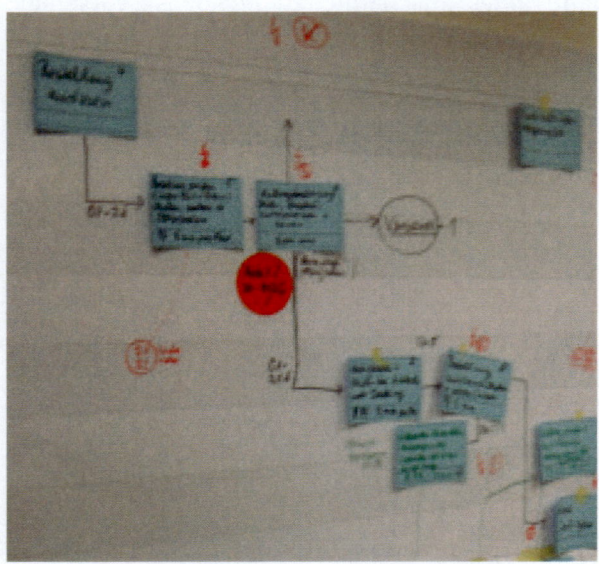

Abbildung 42: Wertstromaufnahme

Ein Workshop zur Werstromaufnahme läuft in der Regel folgender-maßen ab:

1. Einweisung der Mitarbeiter in die Methode (falls noch nicht im Vorfeld geschehen)
2. Abgrenzung des Wertstroms bezüglich Anfang und Ende, und Klärung der Produktvarianten (Flipchart)
3. Beschriftung der Schwimmbahnen: jede am Prozess beteilig-te Funktion erhält eine Schwimmbahn. Die oberste Bahn ist für den Kunden reserviert.

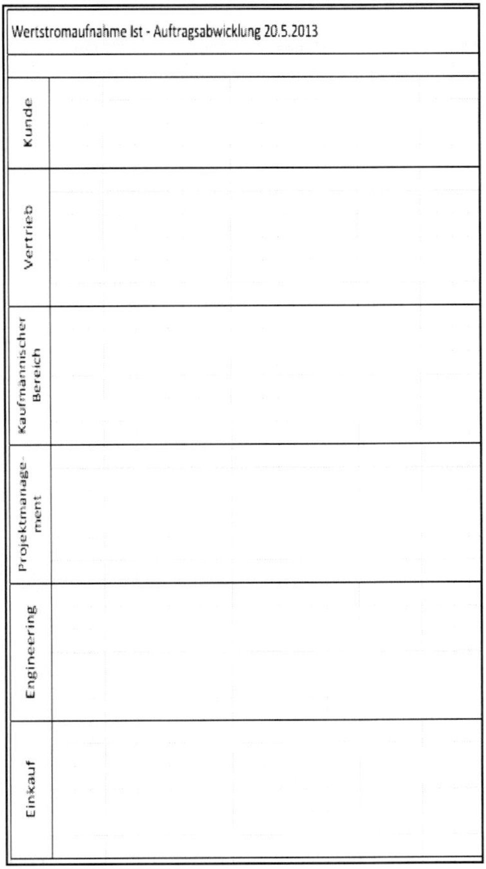

Abbildung 43: Beschriftung der Schwimmbahnen

82

4.   Aufnahme der Tätigkeiten

Die Mitarbeiter beschreiben nun ihre einzelnen Arbeitsschritte, die auf den Prozesskärtchen festgehalten und in der jeweiligen Schwimmbahn befestigt werden.

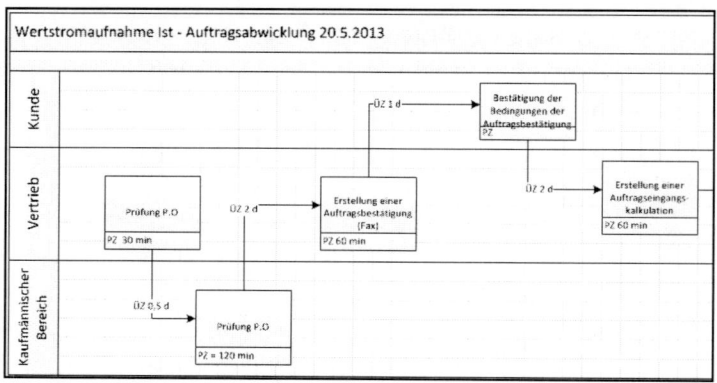

Abbildung 44: Aufnahme der Tätigkeiten

5.   Zeiten, Handlungsfelder und Rückfragen

Zur Berechnung der Gesamtdurchlaufzeit des Prozesses werden anschließend die Zeiten für die Ausführung der Tätigkeiten bestimmt sowie Übergangs- und Rückfragezeiten. Dabei wird unterschieden zwischen:

PZ: Prozesszeit, die reine Arbeitszeit einer Tätigkeit

ÜZ: Übergangszeit, Zeitraum zwischen zwei Tätigkeiten (Liege/Wartezeiten)

RZ: Rückfragezeiten und Nacharbeit

Diese Zeiten werden durch die Einschätzung der Mitarbeiter erhoben, können aber durch ergänzende Dokumente verifiziert werden (z.B. Durchlaufzeiten von Aufträgen im SAP). Normalerweise sind die Angaben der Mitarbeiter plausibel und stimmen mit anderen Informationen überein. Je mehr Mitarbeiter aus einer Funktion beteiligt sind, desto höher ist natürlich auch die Objektivität der Aussagen. Deshalb sollten nach Möglichkeit mindestens zwei Mitarbeiter aus jeder Funktion bei der Wertstromaufnahme dabei sein, auch wenn das in der Praxis leider nicht immer realisierbar ist.

Handlungsfelder und Rückfragen

Mit Handlungsfeldern werden Störungen und Probleme bezeichnet, die bei der Aufnahme des Wertstroms durch die Mitarbeiter thematisiert werden. Diese werden mit einem roten Blitz im Wertstrom markiert und dazu in einer Liste am Flipchart gesammelt. Die Auflistung der aktuellen Probleme und Schwierigkeiten ist die Grundlage der Prozessoptimierung. Das gleiche gilt für Rückfragen: diese werden auch im Wertstrom markiert. Bei sehr vielen Rückfragen ist es sinnvoll, die Ursachen für die Rückfragen in einer Liste am Flipchart zu sammeln.

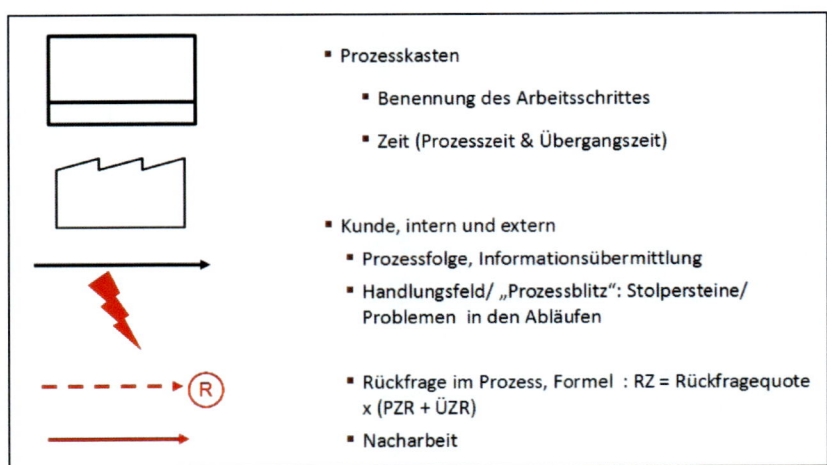

Abbildung 45: Symbole der Wertstromaufnahme

Am Ende des Workshops kann aufgrund der erhobenen Zeiten die Gesamtdurchlaufzeit berechnet werden. Die Probleme in dem Prozess sind dokumentiert und die durch Rückfragen und Nacharbeit verursachte Verschwendung ist ausgewiesen.

Checkliste zur Durchführung des Workshop

- Mitarbeiter in die Methode einweisen
- Prozess hinsichtlich Anfang – Ende und Varianten abgrenzen
- Schwimmbahnen mit Funktionen bezeichnen
- Tätigkeiten/Aktivitäten auf Prozesskärtchen in den Schwimmbahnen anordnen
- Zeiten, Handlungsfelder und Rückfragen aufnehmen

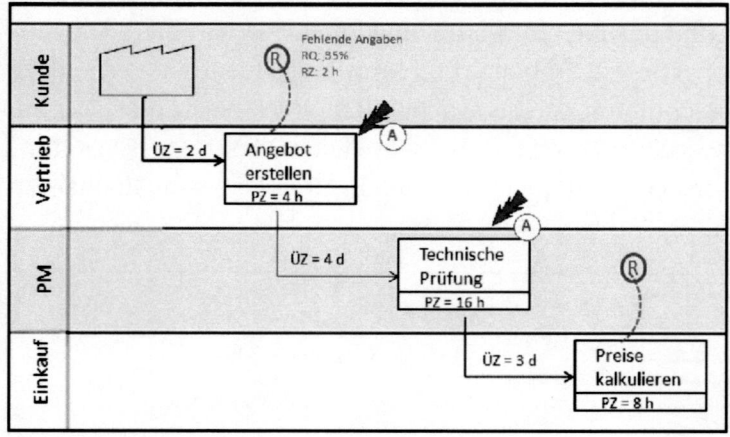

Berechnung der Durchlaufzeit (DLZ)
- PZ = Prozesszeit = 4 + 16 + 8 h
- ÜZ = Übergangszeit= 2 + 4 + 3 d
- RZ = 0,35% * 2h
- DLZ = PZ + ÜZ + RZ

Abbildung 46: Wertstromaufnahme

- Mit „Prozessblitzen" werden identifizierte Handlungsfelder gekennzeichnet
- Die identifizierten „Prozessblitze" sind meist die ersten Ansatzpunkte für die Optimierung
- Prozessblitze beschreiben Handlungsfelder und zeigen noch nicht Lösungsansätze auf!

Abbildung 47: Handlungsfelder

Nachbereitung des Workshops

Die Dokumentation der Workshopergebnisse ist die Basis für die weitere Optimierung und umfasst die:

- Prozessdokumentation
- Berechnung der Durchlaufzeit
- Auflistung von Handlungsfeldern und Rückfragen
- Präsentation und Abstimmung der Ergebnisse

Die Wertstromdokumentation

Im Normalfall ist der Prozess nach dem Workshop auf einigen Metern Papier abgebildet. Dokumentiert werden kann der Prozess als Fotodokument oder elektronisch mit Visio oder Excel. Die Nutzung eines Geschäftsprozessmanagementtools (Aris, Adonis etc.) wäre theoretisch auch denkbar, den damit verbundenen Aufwand sollte man vorher prüfen.

Der Ist – Prozess ist ein reines Arbeitspapier, falls übersichtlich und erkennbar spricht nichts gegen eine reine Fotodokumentation. Bei sehr komplexeren Wertstromaufnahmen macht die elektronische Abbildung in Visio oder Excel den Prozess überschaubar und bietet eine saubere Grundlage für die Berechnung der Zeiten. Mit Visio können inzwischen sehr einfach Wertströme dokumentiert werde.

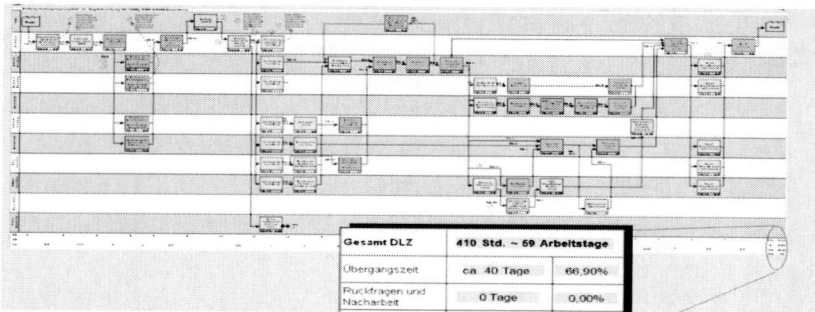

Abbildung 48: Dokumentation in Ecxel

Die Berechnung der Zeiten

Die gesamte Durchlaufzeit eines Wertstroms setzt sich zusammen aus der Prozesszeit, Übergangszeit und Rückfrage-Nacharbeitszeit. In den meisten Fällen reicht hier eine 80%ige Genauigkeit, der Aufwand für die Zeitenberechnung sollte im Rahmen bleiben. Die Zeitaufnahme gibt Hinweise auf Zeitfresser, Engpässe und Stockungen im Prozess, ebenso können Kosten und Kapazitäten berechnet werden. Die Zahlen dienen als Basis für die Optimierung. Wenn beispielsweise das Ziel der Optimierung die Verkürzung der Auftragsabwicklung ist, braucht man eine verlässliche Aussage zur aktuellen Dauer, um den Erfolg der Optimierung verifizieren zu können.

Dokumentation der Handlungsfelder und Rückfragen

Diese werden am besten durchnummeriert und in einer Exceltabelle dokumentiert. Diese Liste ist die Basis für die nächsten Schritte und Teil des zu erstellenden Maßnahmenplans.

Abstimmung und Präsentation der Ergebnisse

Nach der Dokumentation sollten die Ergebnisse auf jeden Fall nochmals mit den Teilnehmern des Workshops abgestimmt werden. Eventuell ergeben sich Änderungen oder Anpassungen. Das ist meistens der Fall, wichtig ist, dass am Ende alle Teilnehmer hinter den Workshopergebnissen stehen.

Mit Abschluss der Wertstromanalyse ist gleichzeitig ein Meilenstein erreicht, beziehungweise die Phase 2 (Analyse) abgeschlossen. Normalerweise ist das der Zeitpunkt, an dem auch die Auftraggeber oder Sponsoren über den Status informiert werden sollten. Das kann eine kurze Präsentation sein. Am besten ist es, wenn die beteiligten Mitarbeiter an dem erarbeiteten Papierwertstrom selbst ihre Ergebnisse vorstellen.

Checkliste zur Nachbereitung der Wertstromaufnahme

- Erstellung einer Prozessdokumentation
- Berechnung und Auswertung der Zeiten
- Dokumentation der Handlungsfelder und Rückfragen
- Abstimmung der Ergebnisse mit den Teilnehmern
- Präsentation der Ergebnisse im Unternehmen (Management, Auftraggeber, Projektpate etc.)

Abbildung 49: Prozesssicht

4.4 Die Informationsstrukturanalyse (ISA)

Ziel	Analyse von Verschwendung aufgrund falscher oder unzureichenden Informationsflüssen
Begriff/Tool	Informationsstruktur - Formularvorlage
Tipp	Die Wertstromaufnahme ergänzen durch die Informationsstrukturanalyse

Abbildung 50: Falsche Information

Mit der Informationsstrukturanalyse(Wiegand, 2008) steht ein Lean Administration Analysetool zur Verfügung, in dessen Mittelpunkt die Informationsflüsse im Unternehmen stehen. In den nicht produzierenden Bereichen ist die Informationsversorgung oft Ursache für weitreichende Verschwendung. Es kann sein, dass benötigte Informationen nicht oder nicht vollständig dem Anwender vorliegen, dass Informationen produziert werden, die keiner braucht oder Mitarbeiter Informationen erhalten, die sie nicht benötigen.

Die Informationsstrukturanalyse ist methodisch recht einfach durchzuführen, bei dem Tool handelt es sich um eine Excel Tabelle, die entsprechend dem jeweiligen Bedarf erstellt wird. Die Vorgehensweise entspricht wieder unserem Standardablauf:

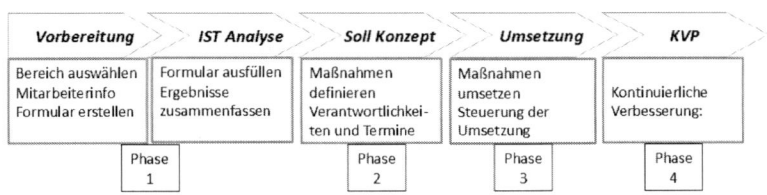

Abbildung 51: Vorgehensweise ISA

Die Vorbereitung

Untersuchungsbereich abgrenzen

Zunächst wird der Untersuchungsbereich der Informationsstrukturanalyse bestimmt. In den meisten Lean Projekten nutzt man den aufgenommenen Wertstrom und ergänzt diesen durch die Analyse der Informationsflüsse mit der ISA.

Mitarbeiter informieren

Da auch die ISA von den betroffenen Mitarbeitern selbst erstellt wird, müssen diese zunächst die Methode kennen lernen. Außerdem sollte man auch die Anlässe für die Durchführung der Analyse nennen. In Normalfall sind die Mitarbeiter sehr motiviert, eine ISA durchzuführen, gerade weil eigentlich jeder in irgendeiner Form mit der Informationsüber- oder unterversorgung kämpft.

Das Formular erstellen

Es wird nun ein Formular erstellt, normalerweise als Excel Datei. Es könnte aber auch eine Tabelle am Flipchart sein, die später elektronisch dokumentiert wird.

In der ersten Spalte werden zunächst alle Informationen aufgelistet, die beispielsweise in einem Wertstrom oder in einem Organisationsbereich, einer Abteilung oder ähnlichem benötigt werden, vorhanden sind oder erstellt werden.

Vertikal dazu werden die Anwender oder Erzeuger der Information aufgelistet. Hier ein Beispiel aus der Pharmaindustrie (Auszug):

Information	Back Office	Kaufmännsiche Leitung	SAP	Produktgruppe 1	Sonderkonditionen	IT	Außendienst	Produkt Manager	Produktionslogistik	Buchhaltung	Leitung Finanzen	Verkaufsleitung	PharmLog	Kunden	Informations-medium
Auftragsbestätigung															
Überweiserliste															
RZ Nummer															
Produktnummer zu RZ															
Freigabe Produkt im System															
Monitoringliste															
Produktionsplan															
Sonderkonditionen															
Ranking															
Auslieferungsliste															
Freigabe Auslieferung															
Auftragslisten															
Auslieferungsstatistik															
Lieferengpass															
Preisanpassung ok															
Reklamationsliste															
Reklamation Grund und Ware															
Genehmigung															
Rückholungsunterlagen															
Kunden Stammdaten															
Retourformular															
Gutschrift /Vernichtungsnachweis															

Abbildung 52: Erstellung ISA Formular

__Praxistipp:__
Lassen Sie sich am Anfang etwas Zeit. Es dauert immer eine Weile, bis die Mitarbeiter sich an alle Informationen erinnern, mit denen sie es zu tun haben.

Wenn Sie am Wertstrom arbeiten, geben die Prozesskärtchen eine gute Vorlage. Gehen Sie durch alle Kärtchen einzeln durch und prüfen Sie, welche Informationen dort erstellt, benötigt, vorhanden sind.

Die Erhebung

Sobald des Formularbogen erstellt ist, werden die Daten klassifiziert. Dazu geht man durch die Spalte mit den Informationen und ergänzt, ob die jeweiligen Abteilungen/Funktionen diese Informationen erstellen, verwenden, bräuchten und nicht bekommen oder bekommen ohne diese zu brauchen. In der ursprünglichen Version (Wiegand 2008) wurden zu Darstellung verschieden ausgefüllte Kreise verwendet. Praktischer aber ist es, die Zellen mit Zahlen und Farben zu füllen. Bewährt hat sich folgende Darstellung:

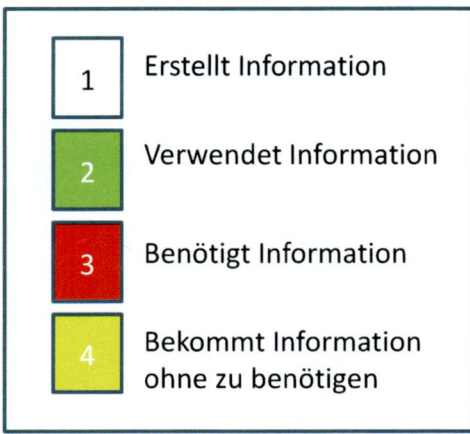

Abbildung 53: Die Klassifizierung der Informationen

In unserem Pharmabeispiel kam es zu folgendem Ergebnis:

Information	Back Office	Kfm. Leitung	SAP	Produktgruppe 1	Sonderkonditionen	IT	Außendienst	Produkt Manager	PD-Logistik	Buchhaltung	Leitung Finanzen	Verkaufsleitung	PharmLog	Kunden	Medium
Auftragsbestätigung							1							4	Papier
Überweiserliste														4	Papier
RZ Nummer				3					3						Mail
Produktnummer zu RZ				4	3										Mail
Freigabe Produkt im System	2			2		2									It
Monitoringliste		4		1				4			4				Excel
Produktionsplan				3				4	4						Excel
Sonderkonditionen													4		Mail
Ranking				3				1							Mail, mündliche
Auslieferungsliste				1									4		Excel
Freigabe Auslieferung		1		3				1				1			mündlich
Auftragslisten				1			4								Excel
Auslieferungsstatistik		4						4			3	4			Excel
Lieferengpass			1	1				2							mündlich, Mail
Preisanpassung ok	1	2	2								1	1			mündlich, Mail
Auswertung Reklamationsliste	4	1													Power Point
Reklamation Grund und Ware		2	1				1								Papier
Genehmigung			1	2											Papier
Rückholungsunterlagen				1									3	4	Papier
Kunden Stammdaten				2									2		Papier
Retourformular		2	2									2	2		Papier
Gutschrift /Vernichtungsnachweis				1										4	Papier

1 erstellt 2 erhält & benötigt 3 benötigt 4 bekommt

Abbildung 54: Ausgefülltes ISA Formular

Durch die Verwendung von Zahlen und Farben wird auf einen Blick sichtbar, wo die Informationsversorgung in Ordnung ist und wo Maßnahmen aufgesetzt werden müssen.

- In Ordnung ist es, wenn Informationen erstellt (1) und von demjenigen, der sie benötigt, angewendet werden (2). In dieser Tabelle ist das beispielsweise bei der Preisanpassung der Fall.
- Wenn benötigte Informationen nicht dort vorliegen, wo sie gebraucht werden, müssen unbedingt Gegenmaßnahmen aufgesetzt werden. Bemerkenswert ist es, wenn, wie hier die Position ‚Freigabe Auslieferung‘, – die Information zwar erstellt, aber nicht den Anwendern zur Verfügung gestellt wird.

- Immer wieder werden Informationen erstellt, ohne dass diese benötigt werden – wie hier beispielsweise die Auswertung der Reklamationsliste. In diesem Fall müsste man prüfen, ob die Information an anderer Stelle benötigt wird. Wenn nicht, kann die Erstellung sofort eingestellt werden.
- Auch die Überflutung mit unnützen Informationen wird in der Auswertung sichtbar. Hier ist es beispielsweise die Monitoringliste. Oft reicht es in deratigen Fällen aus, den Verteiler anzupassen.

Die Auswertung und der Maßnahmenplan

Nach Abschluss der Analyse werden die Ergebnisse ausgewertet und konsoldiert. Wenn man mehrere Formulare ausfüllt, wird man festellen, dass eine Reihe von Problemen auf identische Ursachen zurückzuführen sind. Der nächste Schritt ist dann, diese Problemursachen zu ermitteln und Gegenmaßnahmen aufzusetzen.

Die Informationsstrukturanalyse ist zunächst ein reines Analyseinstrument. Sie dient der Herstellung von Transparenz über die aktuelle Situation. Natürlich sind durch die Analyse alleine die Probleme noch nicht behoben. Dazu müssen Maßnahmen definiert und umgesetzt werden. Das erfolgt immer mit den Mitarbeiten und es sollte ein Verantwortlicher für die Überprüfung der Umsetzung benannt werden.

Auch bei der ISA kann es Sinn machen, mit Quick Wins zu arbeiten, d.h. sofort erste Verbesserungen umzusetzen. Das könnten beispielsweise Anpassungen des Verteilers sein oder die Einstellung von Informationen, die offensichtlich keiner benötigt. Wichtig ist aber genau zu prüfen, ob es sich wirklich um einen Quick Win handelt und nicht komplexere Problemursachen vorliegen.

Fazit

Die Informationsstrukturanalyse ist ein nützliches Hilfsmittel, um Verschwendung aufzudecken, die durch eine unzureichende Informationsversorgung entsteht. Sie ist einfach durchzuführen und liefert schnelle Ergebnisse. Es handelt sich aber um ein reines Analyseinstrument, aus dessen Ergebnis weitere Maßnahmen abzuleiten sind. Es kann auch sein, dass durch die ISA hochkomplexe Probleme identifiziert werden, man denke beispielsweise an die Organisation von Stammdaten. Diese verschwendungsfrei zu organisieren ist sicherlich eine große Herausforderung und Unternehmen, in denen hierzu kein Handlungsbedarf besteht, sind selten zu finden.

Praxistipp:
Nutzen Sie die Vorgehensweise der ISA auch für Berichte oder Reports. Mit der systematischen Analyse der Informationsflüsse wird Überflüssiges schnell transparent und kann eliminiert werden.

Checkliste ISA

- Auswahl des Untersuchungsbereiches
- Information der Mitarbeiter über die Methode
- Erstellung des Fragebogens
- Erhebung der Ergebnisse
- Auswertung und Maßnahmenplan
- Überprüfung der Maßnahmen

4.5 Die Tätigkeitsstrukturanalyse (TSA)

Ziel	Analyse von Verschwendung außerhalb der Haupt-prozesse
Begriff/Tool	Tätigkeitsstrukturanalyse – der Formularbogen
Tipp	Nur nach Abstimmung mit Betriebsrat/ Personal-vertretung durchführen

Abbildung 55: Ein ganz normaler Tag

Mit der Tätigkeitsstrukturanalyse (TSA) (Wiegand 2008) deckt man
Verschwendung auf, die im Rahmen der Prozessanalyse nicht ermittelt
wird. Eine Situation, die wahrscheinlich jeder kennt: Man hat tags-
über 1000 Dinge erledigt – aber am Ende weiß man nicht, was man
eigentlich gemacht hat. Durch die Analyse der Wertströme in einem
Unternehmen werden bereits erhebliche Verschwendungspotentiale
ermittelt – aber auch außerhalb der wichtigsten Wertströme findet
sich Verschwendung:

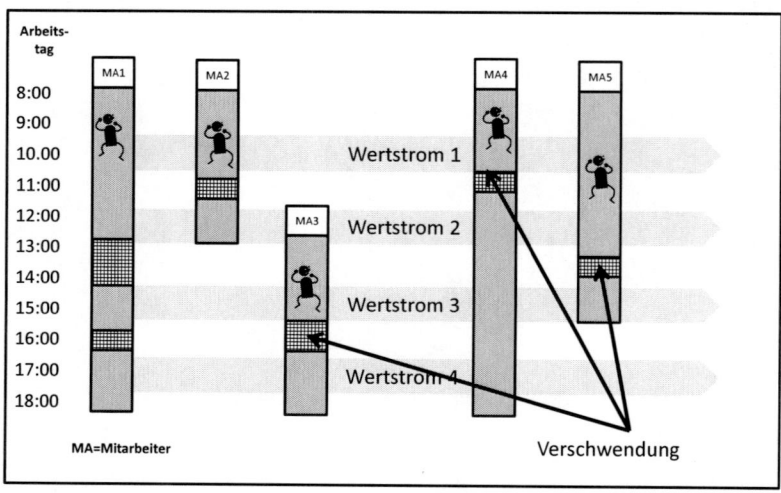

Abbildung 56: TSA und Wertströme

Die Tätigkeitsstrukturanalyse ergänzt die Kundenperspektive der
Wertstromanalyse durch eine interne, organisatorische Sichtweise.
Beide Analysen zusammen ergeben ein sehr differenziertes und
ausführliches Bild über die Optimierungspotentiale in einem Unternehmen.

Im Mittelpunkt der TSA steht die empirische Erhebung der tagtäglich durchgeführten Arbeiten durch die Mitarbeiter selber sowie die
anschließende Bewertung als Kern – Neben oder organisatorische
Tätigkeiten. Es werden Erkenntnisse geliefert zu:

- Zeitfressern, Störungen und Verschwendung im Tagesablauf
- Unklarer Verteilung von Aufgaben und Abgrenzung von Tätigkeiten
- Abweichungen zwischen Stellenprofil und tatsächlichen Arbeitsaufgaben

Praxistipp:
Die Tätigkeitsstrukturanalyse (TSA) ist ein sehr anspruchsvolles Analyseinstrument sowohl hinsichtlich der Durchführung als auch der Ergebnisse. Die Rahmenbedingungen sind im Vorfeld genau zu prüfen. Eine verunglückte TSA kann für die Lean Implementierung sehr viel Schaden anrichten.

Die TSA wird nicht in jedem Lean Projekt genutzt, im Schnitt in ca. 20% aller Lean Implementierungen.

Die Durchführung entspricht wieder der Standardvorgehensweise.

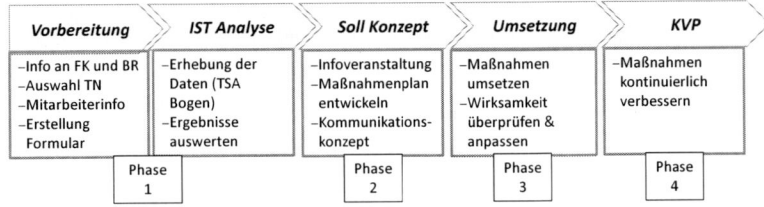

Abbildung 57: Die Vorgehensweise

Vorbereitung
Ziele und Abstimmung mit FK
In der Regel gibt es einen speziellen Anlass zur Durchführung einer Tätigkeitsstrukturanalyse. Das kann das Gefühl sein, immer mehr zusätzliche Aufgaben zu bekommen, ohne jemals entlastet zu werden. Unklarheiten bei der Aufgabenverteilung zwischen angrenzenden Funktionen, Überlastung und Überstunden, Spezialisten, die es nicht schaffen ihren eigentlichen Aufgaben nachzugehen – all dies können Anlässe für die Durchführung einer Tätigkeitsstrukturanalyse sein.

Daraus ergeben sich in der Regel die Ziele der Tätigkeitsstrukur-
analyse, diese sollten zu Beginn festgelegt und abgestimmt werden.
Auf Basis der Zielsetzung ergeben sich dann auch die Stellencluster,
die in der TSA untersucht werden sollen. In die Vorbereitung sollten
neben den Führungskräften auch immer einige der betroffenen
Mitarbeiter eingebunden werden. Diese kennen Schwachstellen
aus eigener Erfahrung und können wichtige Anhaltspunkte geben.

Information und Abstimmung mit BR

Die Tätigkeitsstrukturanalyse muss mit dem Betriebsrat/Personalrat
abgestimmt werden. Dieser sollte so früh wie möglich eingebunden
werden. Es liegt normal verweise auch im Interesse der Arbeitneh-
mervertretung, Überlastungen oder unklare Aufgabenverteilung
aufzudecken. Im Idealfall unterstützt der BR die Durchführung der
Tätigkeitsstrukturanalyse, indem er beispielsweise als Ansprechpartner für die Mitarbeiter zur Verfügung steht. Mit dem Betriebsrat ist
auch zu besprechen, wie die Anonymität sichergestellt werden kann.
Die Auswertung der Ergebnisse muss anonym erfolgen. Entweder
über den Betriebsrat, dieser würde dann die ausgefüllten Bögen ent-
gegen nehmen, verschlüsseln und anonym weiterleiten. Eine andere
Alternative ist es, die Auswertung durch externe Berater durchführen
zu lassen. Das hat den Vorteil, dass diese sich bei Rückfragen direkt
an die jeweiligen Mitarbeiter wenden können und nicht die Schleife
über den Betriebsrat genommen werden muss.

Auswahl der Stellencluster und Teilnehmer

Der Fokus der TSA liegt darauf, die Verschwendung innerhalb
bestimmter Funktionen zu ermitteln. Untersuchungsgegenstand
der TSA sind deshalb Stellencluster mit mindestens vier – besser
sechs - Mitarbeitern eines Stellenprofils. Bei einer hohen Anzahl von
Mitarbeitern mit identischem Stellenprofil müssen nicht alle Mitarbeiter an der TSA teilnehmen, in der Regel gelangt man mit ca. 30%
der Mitarbeiter auch zu repräsentativen Ergebnissen. Die absolute
Teilnehmerzahl muss aber mindestens bei vier Mitarbeitern aufwärts
liegen, da ansonsten keine Anonymität gewährleistet werden kann.

Mitarbeiterinformation

Sobald die Stellencluster feststehen und die beteiligten Mitarbeiter ausgewählt worden sind, muss es eine Informationsveranstaltung zur TSA geben. Dort werden den Mitarbeiter die Ziele und Hintergründe mitgeteilt und die Projektorganisation wird vorgestellt. Es ist wichtig zu vermitteln, dass die Tätigkeitstrukturanalyse eine Chance ist, Überlastungen und andere Belastungen aufzudecken, denen die Mitarbeiter tagtäglich ausgesetzt sind. Es sollte auch ein Ansprechpartner benannt werden, der für alle Fragen und weitere Informationen zur Verfügung steht.

Erstellung des TSA Formularbogens

Die Tätigkeitstrukturanalyse wird mit einem Erhebungsbogen (Excel) durchgeführt, auf dem alle anfallenden Tätigkeiten und Aufgaben eines Stellenclusters aufgelistet sind. Durch diese strukturierte Erhebung wird es erst möglich, die Daten zu vergleichen, zu konsolidieren und auszuwerten.

Dieser Bogen wird gemeinsam mit Mitarbeitern und Führungskräften des entsprechenden Stellenclusters erstellt. Es sollten sich darin mindestens 90% der anfallenden Tätigkeiten wiederfinden, der Punkt ‚Sonstige' sollte wirklich nur im Ausnahmefall genutzt werden. Ziel ist, dass sich die Mitarbeiter mit ihren Tätigkeiten in diesem Bogen wiederfinden, und zwar mit den tatsächlichen, nicht den theoretisch geplanten oder vorgesehenen Aufgaben.

Am besten führt man einen Workshop durch und sammelt zunächst sämtliche Aufgaben und Tätigkeiten, die den Mitarbeitern einfallen. Alle Unterlagen, die dazu vorhanden sind, sollte man heranziehen, z.B. Stellenbeschreibungen, Verfahrensanweisungen, Projektpläne mit Meilensteinen etc. Diese Unterlagen können bei der Strukturierung der Tätigkeiten helfen und verhindern unter Umständen, dass etwas vergessen wird. Wenn die Aufgaben gesammelt sind, werden diese aufgelistet und grob nach Aufgabenbereich gegliedert. Man kann auch anders herum vorgehen und zunächst die groben Aufgabenbereiche benennen und darunter dann die einzelnen Tätigkeiten sammeln. Der Formularbogen für Projektleiter im Maschinenbau könnte folgendermaßen aussehen:

	Name/ID/Cluster	
	Stunden lt. Vertrag.	
1	2	3
Nr.	Bereich	Tätigkeit
1	Allgemein	Projektunabhänige Besprechungen
2	Allgemein	interne + externe Weiterbildung (incl. Online)
3	Allgemein	E-Mails lesen + bearbeiten (projektunabhängig)
4	Allgemein	Daten + Informationen im Intranet suchen
5	Allgemein	Personal - Themen: Urlaubsplanung/ -abstimmung, Mitarbeitergespräch, Zeiterfassung
6	Allgemein	IT: Update und Klärung technischer Probleme
7	Allgemein	Dienstreisezeiten (Anreise- und Abreisezeiten)
8	Allgemein	Sonderprojektje
9	Angebotserstellung	Anfrage entgegennehmen
10	Angebotserstellung	Abstimmung mit Vertrieb
11	Angebotserstellung	Angebot erstellen
12	Projektsteuerung	Rückfragen und Nacharbeit aufgrund fehlender Inputs aus anderen Abteilungen
13	Projektsteuerung	Angebotsunterlagen erfassen + auswerten
14	Projektsteuerung	Projektplan erstellen
15	Projektsteuerung	Vertragsworkshop
16	Projektsteuerung	Projektmeeting
17	Projektsteuerung	Abstimmung Termine
18	Projektsteuerung	Vorbereitung + Durchführung + Nachbereitung Kick-Off Meeting
19	Projektsteuerung	Dokumentation einstellen
20	Projektsteuerung	Vorbereitung + Ausführung Auftragsbestätigung
21	Beschaffung	Controlling: Einkauf
22	Beschaffung	Abstimmung IT
24	Beschaffung	Kundenbesuche
28	Beschaffung	Einarbeitung kundenspezifischer Anforderungen in die Kundendokumentation
32	Fertigung	Controlling + Abstimmung Fertigungstermine
33	Fertigung	Fehlteilmanagement
34	Fertigung	Materialverfügbarkeit prüfen
35	Versand	Versandfreigabe
36	Versand	Package - Liste erstellen
37	Versand	Versandkoordination
38	Nachbereitung	Lessons learned
39	Nachbereitung	Nachkalkulation
40	Übergreifend	Projektstatus
41	Übergreifend	Abstimmung internes Projektteam
42	Übergreifend	Qualitätsthemen koordinieren
43	Übergreifend	Task Force
44	Übergreifend	Änderungsmanagement
45	Übergreifend	Abstimmung externe Schnittstellen + Endkunde
46	Übergreifend	Kostencontrolling
47	Übergreifend	Einarbeitung und Einführung neuer Mitarbeiter
48	Übergreifend	richtige Ansprechpartner identifizieren
49	Übergreifend	Stammdatenpflege

Abbildung 58: TSA Formularbogen Projektleiter

Die große Herausforderung bei der Erstellung des Formulars besteht darin, die richtige Flughöhe zu finden. Die Tätigkeiten sollten nicht zu kleinteilig, aber auch nicht zu allgemein benannt werden. Ein gutes Zeichen für den richtigen Detaillierungsgrad ist die Anzahl der Tätigkeiten – normalerweise liegt diese zwischen 40 und 60. Nach dem ersten Entwurf sollte es unbedingt noch eine Abstimmungsschleife geben, in der Ergänzungen durch die Mitarbeiter aufgenommen werden können.

Praxistipp:
Planen Sie ausreichend Zeit für die Erstellung des Formulars und die anschließende Abstimmungsrunde ein. Je genauer Sie hier planen, desto einfacher haben Sie es später mit der Durchführung und Auswertung.

Erhebung der Daten

Sobald der Bogen erstellt und die Mitarbeiter informiert sind, wird mit der Erhebung gestartet. Dazu protokollieren die Mitarbeiter in einem festgelegten Zeitraum täglich ihre Arbeitsaufwände für tatsächlich durchgeführte Aufgaben. Normalerweise eignet sich ein Zeitraum von 14 Tagen ohne Feiertage oder Urlaubszeiten. Anhand der täglichen Aufzeichnungen werden die Zeiten auf das gesamte Jahr hochgerechnet. Dabei ist zu beachten, dass auch Tätigkeiten notiert werden sollten, die innerhalb des Erhebungszeitraums nicht anfallen, aber zu anderen Zeitpunkten im Jahr. Der Aufwand wird abgeschätzt und im Formular eingegeben.

Ein ausgefülltes Formular könnte dann so aussehen:

	Name, Cluster, ID	Manfred Muster/Projektleiter/110067				
	Stunden lt. Vertrag.	1760 h p.a.				
1	**3**	**4**	**5**	**6**	**7**	**8**
Nr.	Bereich	Tätigkeit	Dauer (MIN)	Häufigkeit	Dauer [Std. pro	Anmerkungen
1	Allgemein	Projektunabhänige Besprechungen	60	100,00	100,0	
2	Allgemein	interne + externe Weiterbildung (incl. Online)	120	6,00	12,0	
3	Allgemein	E-Mails lesen + bearbeiten (projektunabhängig)	30	100,00	50,0	
4	Allgemein	Daten + Informationen im Intranet suchen	90	30,00	45,0	
5	Allgemein	Urlaubsplanung, Mitarbeitergespräch	30	5,00	2,5	
6	Allgemein	IT: Update und Klärung technischer Probleme	60	15,00	15,0	
7	Allgemein	Dienstreisezeiten (Anreise- und Abreisezeiten)	320		0,0	
8	Allgemein	Sonderprojektje	30	60,00	30,0	
	Angebot	Anfrage entgennehmen	15	60,00	15,0	
9	Angebot	Abstimmung mit Vertrieb	60	60,00	60,0	
	Angebot	Angebot erstellen	180	60,00	180,0	
60						

Abbildung 59: Teil eines ausgefüllten Formulars

Aus den täglichen Arbeitsaufwänden und der Häufigkeit wird der Jahresaufwand ermittelt. Der Formularbogen kann nach Bedarf angepasst werden, z.B. könnte auch die IT Unterstützung oder die Bewertung der Mitarbeiter hinsichtlich möglicher Verschwendungspotentiale abgefragt werden.

Praxistipp:
Bieten Sie zur Halbzeit des Erhebungszeitraums ein Zwischenmeeting an, klären Sie dort offene Fragen und überprüfen Sie den Bearbeitungsstatus!

Mit einem Zwischenmeeting verhindern Sie Überraschungen am Ende des Erhebungszeitraums. Es besteht auch noch die Möglichkeit, kleinere Anpassungen durchzuführen, manchmal tauchen beispielsweise noch Tätigkeiten auf, an die niemand im Vorfeld gedacht hatte.

Die Auswertung der Daten
Mit der Auswertung der Ergebnisse beginnt der spannende Teil. Zunächst werden alle Bögen auf Vollständigkeit und Plausibilität (Arbeitszeit, Stundenzahl) überprüft und anschließend werden die Daten in einer Exceldatei zusammengefasst.

Die Möglichkeiten der Auswertungen sind vielfältig und hängen auch von der Zielsetzung ab. Standardmäßig wird ausgewertet nach Kern – Neben – organisatorischen Tätigkeiten sowie den größten Zeitfressern. Mit der Auswertung nach Kern-, Neben- und organisatorischen Tätigkeiten wird zunächst sichtbar gemacht, wieviel Zeit anteilig für die eigentlichen Kernaufgaben verbracht werden.

Kerntätigkeiten 	Ureigentliche Funktion oder Zweck einer Stelle, z.B: Kochen bei Koch, Verkaufen im Vertrieb, Assistenz bei Sekretärin, Personalauswahl in der Personalabteilung usw.
Nebentätigkeiten	Dinge die gemacht werden müssen, um Kerntätigkeiten durchzuführen zu können, z.b. Koch: einkaufen, Vertrieb: pflegen von Kundendaten, die aber nicht zur eigentlichen Kernkompetenz einer Stelle gehören
Organisatorische Tätigkeiten	Sind unabhängig vom Stellenprofil und entstehen aufgrund der Zugehörigkeit zum Unternehmen z.b. Urlaubsplanung, Mitarbeitergespräch, allgemeine Meetings, Reisekostenabrechnung usw.

Abbildung 60: Kern-Neben-organisatorische Tätigkeiten

Alle aufgeführten Tätigkeiten werden entsprechend dieser Einteilung klassifiziert. Dazu geht man mit den Führungskräften durch die Liste, der auf den Bögen festgehaltenen Tätigkeiten und ordnet jede Tätigkeit einer Kategorie zu. In der Regel sind dafür die Führungskräfte verantwortlich, die Beteiligung betroffener Mitarbeiter ist aber in jedem Fall zu empfehlen.

Mit dieser Klassifizierung wird überprüft, inwieweit die Tätigkeiten der Mitarbeiter der eigentlichen Zielsetzung des Unternehmens entsprechen. Deshalb ist für die Klassifizierung *immer* das ursprüngliche Stellenprofil ausschlaggebend (auch wenn nicht immer eine aktuelle Stellenbeschreibung vorhanden ist).

Praxistipp:
Achten Sie bei der Klassifizierung darauf, dass die Stellenbeschreibung herangezogen wird. Viele Mitarbeiter betrachten automatisch Aufgaben, die sie sehr oft machen, als Kerntätigkeiten.

Die Aussagekraft dieser Klassifizierung entsteht aus der Diskrepanz zwischen dem, was ein Mitarbeiter tun sollte (Stellenprofil) und was er tatsächlich tagtäglich zu tun hat und bietet somit Ansätze zur Optimierung.

Die TSA ist ein wirkungsvolles Instrument zur Überprüfung, ob sich die Unternehmensziele in den Aufgaben der Mitarbeiter wiederspiegeln. Ein (echtes) Beispiel hierzu: ein Unternehmen möchte seine Marktposition erweitern. Der Aufwand für Neukundenakquise im Vertrieb liegt pro Jahr unter 10 Stunden pro Mitarbeiter. Klar, dass mit dieser Aufgabenverteilung die Ziele sicherlich nicht erreicht werden können.

Aufgrund der Klassifizierung können nun eine Reihe von Auswertungen durchgeführt werden, zunächst sieht man die Gesamtrelation zwischen Kern – Neben- und organisatorischen Tätigkeiten, bei unseren Projektleitern sah diese folgendermaßen aus:

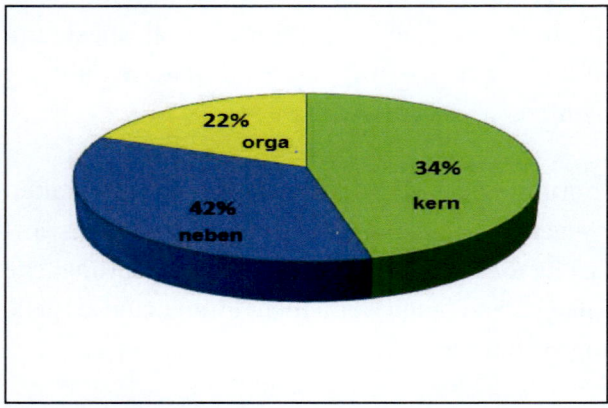

Abbildung 61: Verteilung Tätigkeiten

Aus der Analyse werden ebenso die größten Zeitfresser ersichtlich, diese können dann noch nach Kern-Neben-Orga-Tätigkeiten weiter klassifiziert werden. In unserem Beispiel fällt der höchste Aufwand für projektunabhängige Besprechungen an, d.h. 9% der Gesamtarbeitszeit für eine organisatorische Tätigkeit. Umgerechnet auf die jährliche Arbeitszeit und multipliziert mit der Anzahl der Mitarbeiter wird deutlich, was dieser Aufwand das Unternehmen kostet. Ein anderer häufiger Zeitfresser, auch in Führungspositionen, ist die Bearbeitung allgemeiner Emails. Hier liegen sicherlich noch erhebliche Optimierungspotentiale verborgen.

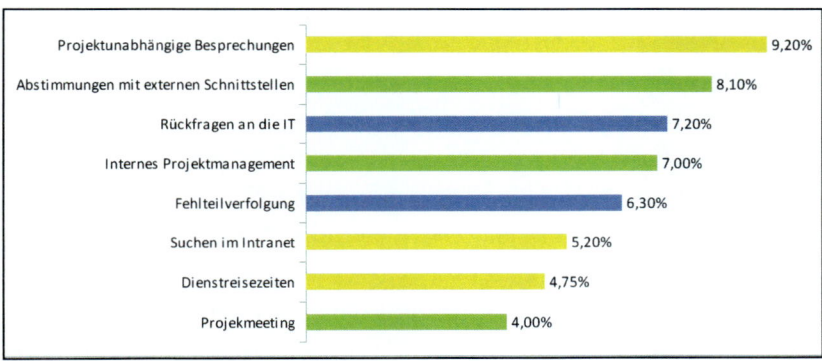

Abbildung 62: Zeitfresser: Anteile an der Gesamtarbeitszeit in %

Die weiteren Schritte

Die TSA ist wie bereits erwähnt ein Analysetool. Sie deckt systematisch Schwachpunkte auf als Basis für die weitere Optimierung. Deshalb geht es nun nach der Analyse darum, Verbesserungsmaßnahmen zu planen und umzusetzen.

Praxistipp:
Vergessen Sie nicht, nach der Auswertung die beteiligten Mitarbeiter über die Ergebnisse zu informieren, am besten im Rahmen einer kleinen Inforunde.

Eigentlich eine Selbstverständlichkeit – wird aber immer wieder vergessen.

Alternativen zur TSA

Die TSA ist – wie bereits erwähnt – ein sehr aussagekräftiges, aber auch aufwendiges Analysetool. Der Einsatz muss genau überlegt und vorbereitet werden. Es gibt immer wieder Rahmenbedingungen, die gegen die Durchführung einer TSA sprechen.

Um in diesen Fällen jedoch zumindest den größten Zeitfressern und Verschwendungsarten auf die Spur zu kommen, besteht die Möglichkeit, eine ‚Light' TSA in Form von Fokusinterviews oder Workshops durchzuführen.

Entweder unter vier Augen oder mit Kollegen im Workshop wird pauschal aufgelistet, was täglich an Aufgaben anfällt und wie hoch der ungefähre Aufwand dafür ist. Anschließend können diese Tätigkeiten nach Kern-Neben und Orgatätigkeiten klassifiziert werden und es können Maßnahmen zur Optimierung geplant werden. Selbstverständlich ersetzt dieses Vorgehen keine gesamte TSA, es können aber grobe Anhaltspunkte für Verschwendung aufgedeckt werden, die im Rahmen der Wertstromanalyse unentdeckt geblieben sind.

4.6 Quick Wins: Erste Verbesserungen in der Analysephase

Ein wichtiger Erfolgsfaktor der Lean Implementierung ist die strukturierte Vorgehensweise entsprechend den dargestellten Phasen. Mehrfach wurde erwähnt, wie wichtig die sorgfältige Analyse des Ist-Zustandes vor der Umsetzung von Verbesserungsmaßnahmen ist. Es gibt jedoch eine Ausnahme in Form der sogenannten „Quick Wins". Quick Wins sind Verbesserungsmaßnahmen, die schnell und einfach umgesetzt werden können und direkte Erfolge bringen. Gerade bei langfristig angelegten Lean Projekten ist es sehr motivierend, wenn bereits während der Analyse erste Verbesserungen umgesetzt werden, die den Mitarbeitern spürbar die Arbeit erleichtert. Durch sogenannte ,Etappensiege' (Kotter, 2013) wird gewährleistet, dass der Nutzen von Lean Administration erkennbar wird und die Motivation im Lauf der Zeit nicht absinkt. Die Kriterien für Quick Wins sollten aber genau geprüft werden, in der Regel sind das:

1. Schnelle Realisierbarkeit (bis ca. 1 Monat)
2. Wenig Aufwand (nicht mehr als 1 – 2 Arbeitstage)
3. 100% im Einflussbereich derjenigen, die die Maßnahme aufsetzen
4. Bringt eine deutliche Verbesserung

Ein klassischer Ansatz für Quick Wins sind Formulare oder Check-listen, gerade wenn es um unzureichende Informationsqualität geht. Hier ein etwas ungewöhnliches Beispiel aus der Praxis:

**Quick Win in der Instandhaltung eines Schienenverkehrsunter-
nehmens**

Ein Schienenverkehrsunternehmen hat in der Instandhaltung mit
Lean Management gestartet. Die Lokomotiven des Unternehmens
müssen nach einer gewissen Maschinenleistung aus dem Verkehr
gezogen und inspiziert werden. Jeder Tag in der Instandhaltung
bedeutet den Ausfall von Einnahmen. Um die Zeit in der Instandhaltung so kurz wie möglich zu halten, sollten die Planungsprozesse
optimiert werden.

Bei einem ersten Besuch an dem Standort sollte morgens um 6 Uhr
eine Lokomotive inspiziert werden. Alle Verantwortlichen waren vor
Ort, aber die Lokomotive war nicht da. Also fing man an zu suchen
(sogar Lokomotiven kann man suchen). Nach ca. einer Stunde
hatte man die Lokomotive gefunden. Das Gelände war riesig und
in der Nacht zuvor hatte der zuständige Lokomotivführer die Lok
irgendwo abgestellt. Nachdem man nun die Lok gefunden hatte,
musste diese jetzt aber an den richtigen Standort rangiert werden.
Das dauerte auch noch ca. eine Stunde. Danach musste die Lok für
12 Stunden auskühlen, bevor man mit der eigentlichen Inspektion
starten konnte. Bei der Analyse der Planungsprozesse war schnell
die Ursache für das Problem gefunden: dem Lokomotivführer war
als Zielort der Lokomotive nur das Gesamtgelände genannt worden,
so dass er diese nach Gutdünken irgendwo abstellte. Der Quick Win
sah nun so aus, dass ein Formular des Geländes erstellt wurde, auf
dem der Abstellort eingezeichnet und farblich markiert wurde. Das
erhielt der Lokführer vorab. Der Aufwand war minimal, führte aber
sofort zu einer deutlich kürzeren Verweildauer der Lokomotiven in
der Instandhaltung.

5. Ausblick und nächste Schritte

Mit 5S, WSA, ISA und TSA sind die zentralen Lean Administration Methoden durchgeführt. Mit Abschluss dieser Analysephase liegt eine umfangreiche Grundlage für die weitere Optimierung vor. Erste Verbesserungen sind auf Arbeitsplatzniveau realisiert sowie durch die Quick Wins. Die für Verschwendung anfallenden Kosten können ermittelt werden – oft ein Argument für die Investition in weitere Lean Projekte. Außerdem sind die Mitarbeiter für Verschwendung sensibilisiert und sie wissen, wie sie kleinere Lean Projekte durchführen können. In dem Phasenmodell ist nun die Phase 1 erfolgreich abgeschlossen.

In den nächsten Schritten geht es um die konsequente Planung und Umsetzung von Verbesserungsmaßnahmen oder Projekten. Dazu werden die folgenden Schritte durchgeführt:

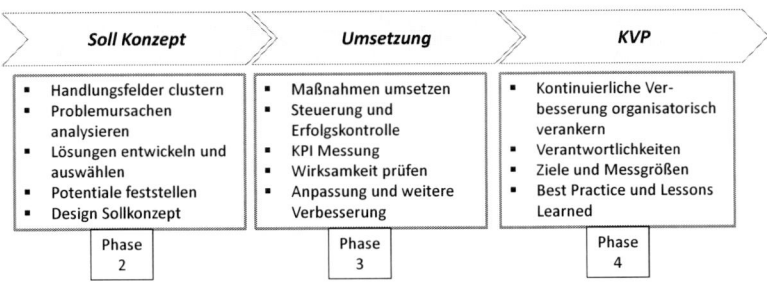

Abbildung 63: Phasen der Umsetzung

Unterstützt werden diese Phasen durch adäquate Kommunikation sowie Elemente des Change Managements. Gerade wenn es um die Umsetzung und Änderung altvertrauter Gewohnheiten geht, ist es hilfreich zu verstehen, wie Veränderungsprozesse ablaufen und welche Reaktionen dadurch hervorgerufen werden können, um mögliche Widerstände bereits im Vorfeld zu vermeiden. Im zweiten Band des Leitfadens wird es deshalb auch um Hintergründe von Veränderungsprozessen gehen und es werden einige hilfreiche Tools aus dem Change Management, die sich in der Praxis bewährt haben, vorgestellt.

6. Lean Administration bei Alstom

Bei der Alstom AG wurde 2013 Lean Administration eingeführt. Hierzu ein Interview mit Rolf Müller, Leiter Projektmanagement der Alstom Power GmbH und Lean Koordinator zur Einführung von Lean Administration. Das Interview wurde durchgeführt von der Autorin, Kathrin Saheb.

Was war der bei Ihnen Auslöser für die Einführung von Lean Administration?

Im Service Dampfturbinen hatten wir – gefühlt – zu hohen Aufwand bei der Angebotserstellung und der Projektabwicklung. Die Schnittstellen waren nicht immer eindeutig, die Prozesse nicht einheitlich d.h. die Ergebnisse waren sehr von der individuellen Herangehensweise abhängig. Das haben auch die Mitarbeiter so empfunden und die Notwendigkeit gesehen, hier etwas zu verbessern. Wir sind ein reiner Bürostandort ohne Fertigung mit den Abteilungen Projektmanagement, Montage, Engineering, Einkauf und damals Produktmarketing. Ich hatte mit Lean Administration in einem anderen Unternehmen sehr gute Erfahrungen gemacht und habe unserem Unit Manager das Konzept vorgestellt. Er kannte Lean und Six Sigma aus dem Fertigungsbereich und ich lief bei ihm aufgrund der aktuellen Situation offene Türen ein. An unseren Standort herrscht eine sehr offene und kreative Atmosphäre, was sicherlich auch damit zusammen hängt, dass wir ein multinationales Unternehmen sind, alleine bei uns sind 11 Nationalitäten vertreten.

Über unsere interne Schulungsorganisation wurde Lean Administration nicht angeboten, deshalb haben wir dann zeitnah die Lean Beraterin Kathrin Saheb eingeladen, der das Unternehmen bereits aus früheren Projekten bekannt war. Ihr Konzept zur Einführung von Lean Administration in Form von Trainings und anschließendem Coaching bei der Projektdurchführung war sehr schlüssig und überzeugte sehr schnell die Entscheidungsträger, so dass wir uns für eine Zusammenarbeit entschieden.

Welche Ziele waren mit der Einführung von Lean Administration verbunden?

Wir wollten den Aufwand für die Erstellung von Angeboten und die Abwicklung von Projekten reduzieren und durch transparente und stabile Prozesse die Mitarbeiterzufriedenheit steigern. Wichtig war es für uns, zu günstigeren Preisen unter Einhaltung des Budgets und der Marge zu kommen, die Durchlaufzeiten der Liefertermine und der Revision zu verkürzen und einzuhalten. Schnittstellen sollten geklärt und die Aufgaben und Rollen genauer definiert werden, so dass jeder weiß, was er zu tun hat und ein Hand in Hand arbeiten möglich wird.

Wie war die Vorgehensweise und was waren die ersten Schritte?

Nachdem uns das Konzept grundsätzlich überzeugt hatte, wurde ein detaillierter Schulungsplan mit einem Terminkalender erstellt. Die Mitarbeiter sollten in Wellen ausgebildet werden. Wir führten eine Basisschulung zu Lean Administration für **alle** (!) Mitarbeiter durch, diese dauerte 1,5 Tage und umfasste neben den Grundlagen auch eine Simulation zu einem Geschäftsprozess. Es gab eine deutschsprachige und englischsprachige Version. Das war sehr wichtig, denn nur so ist es uns gelungen, auch wirklich alle Mitarbeiter abzuholen.

Sobald das Konzept zur Lean Einführung beschlossen war, habe ich eine Mitarbeiterveranstaltung organisiert und die geplante Vorgehensweise allen Mitarbeitern vorgestellt. Das war einige Wochen vor dem Beginn der Schulungen. Es war sehr wichtig, die Mitarbeiter früh einzubinden und Ihnen auch die Hintergründe und Ziele der Lean Administration Einführung zu vermitteln. Das Schulungskonzept wurde vorgestellt sowie die Stufen der Qualifizierung. Aufbauend auf der Basisschulung haben wir ca. 25% der Mitarbeiter zu Lean Experten ausgebildet. Es war vorgesehen, dass in jedem Geschäftsbereich/Abteilung Lean Experten ausgebildet werden, das waren Vertrieb, Montage, Engineering, Projektabwicklung und Einkauf.

Die erste Mitarbeiterveranstaltung ist sehr gut angekommen, die Mitarbeiter haben erkannt, dass etwas geschieht, um die Situation, die sie selbst als unbefriedigend empfunden haben, zu verbessern. Die Kollegen haben sich regelrecht auf das Thema gestürzt und dankbar angenommen. Was aber auch sehr wichtig war, dass wir den Mitarbeitern Raum gegeben haben, um Veränderungen wirklich durchführen zu können. Wir haben das notwendige Wissen zur Verfügung gestellt, sie selbst ihre Erfahrungen machen lassen und bei der Umsetzung unterstützt.

Die Einbindung der Führungskräfte

In unserem regelmäßigen Managementmeeting hat der Standortleiter noch vor der Mitarbeiterveranstaltung das mittlere Management über das Konzept und die geplante Vorgehensweise informiert. Außerdem haben wir in regelmäßigen Managementmeetings die Lean Projekte besprochen. Alle Führungskräfte haben an der Basisschulung teilgenommen, es gab auch Führungskräfte, die zu Lean Experten ausgebildet wurden.

Wie wurden Lean Projekte identifiziert?

Im Rahmen der Schulung haben wir Themen gesammelt zu 5S, Verschwendung und Prozessen. Wir haben auch eine Prozesslandkarte erstellt. Die gesammelten Themen wurden geclustert und priorisiert, so dass wir nach der Schulung eine Liste und Reihenfolge mit abzuarbeitenden Themen hatten. Dadurch dass wir das im Rahmen der Schulung gemacht haben, waren auch alle Mitarbeiter eingebunden und konnten ihren Input geben. Die ersten Projekte sind aus der akuten Notwendigkeit entstanden, inzwischen ist die Hürde für weitere Projekte sehr niedrig.

Auf welchen Kaizen Ebenen wurde begonnen?

Nach der Schulung hatten wir Themen zu 5S (Punkt – Kaizen) und ausgewählte Prozesse (Fluss – Kaizen). Wir haben dann zwei künftige Lean Experten identifiziert, die sich explizit um 5S Themen kümmern sollten. Das waren Themen wie Küche, Keller, Kopier- und Druckerräume, Besprechungen etc. Parallel dazu wurden von den anderen Lean Experten die Wertstromanalysen durchgeführt. Die 5S Themen wurden sehr schnell in Projekte umgesetzt und sehr professionell abgewickelt. Ein Beispiel: unsere Besprechungsräume, dazu wurden von den Mitarbeitern Regeln entwickelt, diese wurden dokumentiert und als Standard definiert (Photos). Diese Ordnung wird inzwischen in allen Besprechungsräumen konsequent eingehalten. Am Anfang hatten wir Paten für die 5S Projekte, die für die Einhaltung der Ordnung zuständig waren. Inzwischen werden die Regeln aber von allen Mitarbeitern eingehalten. Sehr hilfreich dazu war eine deutliche Ansage des Standortleiters bei den ersten Anzeichen eines Rückfalls in alte Gewohnheiten. Dieses Commitment der Standortleitung hat dazu beigetragen, dass die 5S Projekte langfristig funktionieren und die Ordnung tatsächlich eingehalten wird. Das ist aus meiner Sicht auch ein wichtiger Schlüssel für den erfolgreichen Aufbau einer Lean Kultur.

Haben alle Führungskräfte mitgemacht?

Bei den Führungskräften hat man schon Unterschiede gemerkt, besonders Mitarbeiter, die bereits in der Vergangenheit viele Verbesserungsprogramme hinter sich hatten, waren deutlich skeptischer. Ein Problem war, dass an der Basisschulung einzelne Führungskräfte nicht teilnehmen konnten. Das dadurch fehlende Wissen und methodische Know how hat dann zu Verzögerungen geführt. Ich kann deshalb nur dringend empfehlen, dafür zu sorgen, dass wirklich alle Führungskräfte die Gelegenheit haben, an den Schulungen teilzunehmen. Wir haben im Projektverlauf auch festgestellt, dass es Unterschiede bei den Führungskräften hinsichtlich der Unterstützung der Lean Implementierung gibt und haben deshalb noch einen weiteren Management Workshop – außerhalb des Standortes – durchgeführt, in dem es um die Aufgaben und Rollen der Führungskräfte bei der Lean Implementierung ging.

Nach dem Workshop hat sich einiges verbessert, aber realistischerweise ist festzustellen, dass es immer noch Unterschiede im Engagement und Commitment der Führungskräfte gibt. Natürlich haben wir das Ziel, die Vision, dass 100% der Führungskräfte voll hinter den Projekten stehen und ihre Mitarbeiter entsprechend unterstützen. Es gibt aber einfach Unterschiede – die Bandbreite reicht von mäßiger Einbringung bis zum totalen Engagement. Ich denke, dass hier, ähnlich wie in anderen Veränderungsprojekten, die Vorbildfunktion sowohl des Top- als auch des mittleren Managements ausschlaggebend ist. Die Mitarbeiter müssen abgeholt, motiviert und vom Nutzen überzeugt werden. Ängste und Widerstände können durch Unterstützung und Aufzeigen der Sinnhaftigkeit abgebaut werden. Uns ist es gelungen, den Mitarbeitern die Erhöhung von Spaß an der Arbeit und den Sinn der Reduzierung von Verschwendung zu vermitteln. Das setzt aber immer wieder Führung voraus – ich denke, das Führungsthema ist sogar wichtiger als die ausgewählte Methode.

Gab es Widerstände bei den Mitarbeitern?

Wir haben mit Lean Administration offene Türen eingerannt. Die Mitarbeiter waren erleichtert, dass ihre Anliegen endlich zum Gegenstand von Verbesserungen wurden. Es gab einige – sehr wenige – Fälle, in denen die Mitarbeiter der Auffassung waren, für die aktive Arbeit an den Prozessen nicht zuständig zu sein. Gerade diese Mitarbeiter haben aber sehr viele wertvolle Impulse zu möglichen Verbesserungen gegeben. Aber der Tenor war – für die Arbeit an den Prozessen ist das Management zuständig und nicht wir. *Zitat: Meine Aufgabe ist nicht, Lean Projekte zu machen, sondern ein Dokument zu erstellen.*

Das kann aber auch den verschiedenen Kulturen geschuldet sein und dass die Mitarbeiter sich in der Hierarchie nicht als Verbesserer von Prozessen sehen. Interessanterweise konnte man von Anfang an erkennen, welche Mitarbeiter besonders erfolgreich ihre Projekte durchführen. Sicherlich kann man nicht jeden Mitarbeiter zum Lean Experten machen, neben Interesse und methodischen Kenntnissen sind auch die persönlichen Eigenschaften entscheidend, wenn es darum geht, eine Lean Kultur im Unternehmen zu entwickeln und als Vorbild voranzugehen.

Wie wurden die Projekte und Workshops durchgeführt?

Unser Ausbildungskonzept war modular aufgebaut. So hatten die angehenden Lean Experten nach den einzelnen Modulen sofort die Gelegenheit, die im Training erworbenen Kenntnisse Schritt für Schritt umzusetzen. Das war aus meiner Sicht ideal. Wir hatten insgesamt die drei Module: Analyse – Umsetzung – Nachhaltigkeit/KVP und haben parallel dazu die Projekte abgewickelt. Ihre ersten Workshops zur Wertstromanalyse haben die Experten mit Unterstützung unserer Beraterin durchgeführt, die dann auch die weitere Projektdurchführung mit einzelnen Coachingsessions begleitet hat.

Den ersten Wertstrom haben wir bereits im Training aufgenommen. Sehr schön ist die Erfahrung, wie alle Prozessbeteiligte während der Workshops zur Aufnahme des Wertstroms einander in ihren Rollen und Verantwortlichkeiten kennen- und schätzen lernen konnten – ein weiterer wichtiger Faktor zu Verbesserung von Abläufen.

Welche Methoden wurden eingesetzt?

Zur Steuerung der Projekte und als Basis haben wir den **Projektauftrag** genutzt mit der Abgrenzung des Projektes, Zielen, Varianten, Start- und Endterminen sowie den Verantwortlichkeiten. Alle Projekte werden bei uns auch im **A3 Report** dokumentiert, das dient der Übersicht und dem Tracking des Projektfortschritts.

Als zentrale Lean Methode werden bei uns die **Wertstromanalyse** und **Wertstromdesign** intensiv genutzt. Mit der Wertstromanalyse haben wir Durchlaufzeiten, Prozesszeiten und Rückfragezeiten ermittelt und die Handlungsfelder gesammelt. Die Handlungsfelder haben wir dann in einer globalen Übersicht, also prozessübergreifend, zusammengestellt und abgearbeitet. Wir haben die Handlungsfelder auch priorisiert nach Aufwand und Ergebnis und uns zunächst auf die „low hanging fruits" konzentriert, so dass wir in relativ kurzer Zeit schon eine Reihe wichtiger Punkte lösen konnten.

Die Wertstromanalyse ist uns inzwischen in Fleisch und Blut übergegangen, immer wieder, wenn wir Probleme auf der Prozessebene haben, werden die Schwimmbahnen ausgepackt und die Methode angewendet. Dies geschieht mittlerweile ganz von selbst! Die **Informationsstrukturanalyse** führten wir aber nicht bei allen Prozessen durch, eher um das Tool kennen zu lernen.

Bei der Arbeit mit KPIs, muss ich gestehen, dass hier noch Entwicklungsbedarf besteht. Nicht alle nutzen KPIs in dem gewünschten Maß.

Wir haben zu allen Prozessen konsequent den Wertstromdesign durchgeführt und bereits viele Quick Wins direkt realisiert. Viele Prozessverbesserungen haben somit bereits stattgefunden, bevor das Sollkonzept ausgearbeitet und abgestimmt vorgelegen hat. Das zeigt mit den Erfolg der Methode – die Mitarbeiter haben nach der Analysephase selbst sehr schnell die Verbesserungen umgesetzt, um ihre Arbeit zu optimieren.

Was hat sich bei Ihnen durch Lean Administration verbessert?

Der Aufwand für die Angebotserstellung konnte erheblich gesenkt werden sowie die Durchlaufzeit (Dauer). Mit gleichbleibender Mannschaft können wir jetzt wesentlich mehr Angebote erstellen.

Die Prozesse sind einfacher und transparenter, die Schnittstellen sind verbessert und der Arbeitsaufwand für die Abwicklung der Projekte und im Engineering ist gesunken, da wir vermehrt mit Standards arbeiten. Dadurch können wir günstigere Preise anbieten und steigern somit unsere Wettbewerbsfähigkeit. Zur Zeit haben wir in der Montage mit einem Lean Projekt gestartet. Leider war die Führungskraft damals noch nicht an Bord, als wir die Schulungen durchgeführt haben. Inzwischen sind aber die Mitarbeiter so fit in den Lean Tools, dass sich das Projekt auch hier gut entwickeln wird.

Wie sah das Kommunikationskonzept aus?

Nach der Entscheidung über die Einführung von Lean Management durch die Standortleitung haben wir erst die Führungskräfte und anschließend alle Mitarbeiter über die Hintergründe und die gewählte Vorgehensweise informiert. Nach den Schulungen gab es wöchentliche Meetings der Lean Experten mit Durchsprache der einzelnen Projekte, gegenseitiger Unterstützung und Erfahrungsaustausch. Zusätzlich gibt es bei uns ein Board mit einer Übersicht über alle

Projekte. Inzwischen sind einige Projekte geschlossen. Wie bereits erwähnt, besteht noch Verbesserungsbedarf bei dem konsequenten Tracking der Projekte mit KPIs.

Mit den Führungskräften besprechen wir im Management Meeting die Projekte und entscheiden darüber, die Projekte zu schließen oder neue Projekte aufzusetzen.

Im Rahmen einer unternehmensweiten Verbesserungsinitiative *d2e*, „Dedicated to Exellence" haben wir unsere Projekte präsentiert. Unser Standort hat bisher die höchste Zahl an Verbesserungsprojekten realisiert. Außerdem wurde in der zentralen Mitarbeiterzeitung über unsere Lean Initiative berichte. Wir sind Vorreiter bei der Implementierung von Lean in den indirekten Unternehmensbereichen und unterstützen auch andere Standorte mit unseren bisherigen Erfahrungen.

Wie erreicht man die Nachhaltigkeit der durch Lean erreichten Verbesserungen?

Die Führungskräfte müssen in ihren Abteilungen auf die Einhaltung der Prozesse achten. Die Lean Experten unterstützen bei der Einführung, aber die Prozessowner sind die Führungskräfte, die für die Nachhaltigkeit der Verbesserungen in ihrem Bereich verantwortlich sind.

Auch ist die Rolle eines Lean Koordinators wichtig – sowohl für die Umsetzung, als auch für die Nachhaltigkeit. Der Lean Koordinator sorgt dafür, dass die Projekte koordiniert und einheitlich gesteuert werden. Wichtig waren aus meiner Sicht auch die regelmäßigen Meetings zwischen den Lean Experten und dem Lean Koordinator. Interessanterweise wuchs die Gruppe der Lean Experten dadurch immer enger zusammen, was natürlich die Gefahr der Abgrenzung zum Rest der Belegschaft barg. Wir haben das aber gelöst, indem wir sehr genau darauf achten, dass alle Mitarbeiter regelmäßig an den Prozessworkshops teilnehmen. Wichtig ist, dass alle Mitarbeiter aktiv eingebunden werden und man nicht immer mit der gleichen Mannschaft arbeitet.

Erfolgsfaktoren für eine Lean Implementierung sind für mich die beschriebenen Aufgaben und Rollen, das glaubhafte Interesse und Commitment des Top Managements, die Rollen als Prozessowner im mittleren Management sowie eine schlüssige Vorgehensweise und die stufenweise Ausbildung der Mitarbeiter mit einem begleitenden Coaching bei der Projektdurchführung.

Ich sehe bei uns inzwischen schon eine wichtige Veränderung: sobald Probleme auftauchen, werden die Methoden genutzt und es wird mit der Analyse gestartet – für mich ein deutliches Zeichen eines Wandels in Richtung eines Lean Unternehmens.

Herr Müller, ich danke Ihnen für das konstruktive Gespräch.

Glossar

5S	Schaffung von Sauberkeit und Ordnung am Arbeitsplatz durch fünf Schritte
A3 Report	Mittel zur Visualisierung des Projektfortschrittes übersichtlich auf einer Seite (deshalb A3) entsprechend dem PDCA Zyklus
Best Practice	optimale, bewährte Verfahren zur Lösung spezieller Probleme
Change Formel	Formel zu Ermittlung der Chance auf eine erfolgreiche Veränderung
Handlungsfelder	Probleme, Schwierigkeiten, die bei der Analyse sichtbar werden und behoben werden müssen, um eine Verbesserung zu erreichen
Informationsstrukturanalyse (ISA)	Methode zur Analyse des Informationsflusses
Kaizen	wörtlich: Veränderung (Kai) zum Guten (Zen), ständige Verbesserung als Bestandteil des Lean Management Systems
Kano Modell	Methode zur Klassifizierung des Kundenbedarfs: Basis-Leistungs- und Begeisterungsmerkmale
Kunden-Lieferanten Verhältnis	Jeder Mitarbeiter kennt die Anforderungen des (internen) Kunden oder Prozesskunden an seine Leistungserstellung
KVP	"kontinuierlicher Verbesserungsprozess": alle Veränderungen sind kontinuierlich weiter zu verbessern
Lean Awareness Session	Veranstaltung für Mitarbeiter und Führungskräfte mit dem Ziel, Begeisterung für Lean zu schaffen
Notwendige Verschwendung	Tätigkeiten, die notwendig sind, um wertschöpfend zu arbeiten zu können, die den Kunden aber nicht interessieren, z.B. Einstellen von Personal
PDCA	4 stufiges Vorgehensmodell nach Deming mit den Phasen Plan Do Check Act, dient dem Aufbau eines kontinuierlichen Verbesserungsprozesses

Prozesslandkarte	Sammlung und Strukturierung der Geschäftsprozesse innerhalb eines Unternehmens
Prozesszeit	Reine Arbeitszeit für Aufgaben und Tätigkeiten
Pull System	Leistung wird dann 'gezogen', wenn sie benötigt wird. Beispiel: Daten für Reports
Push System	Leistungen und Produkte werden ins System gedrückt, bevor diese benötigt werden. Bsp: große Emailvertailer mit komplexen Daten
Quick Wins	Optimierungsvorschläge, die kurzfristig realisiert werden können und direkt zu besseren Ergebnissen führen
Rückfrage- und Nacharbeitszeit	Zeit für Unterbrechungen und Nacharbeit
Schwimmbahndarstellung	Methode zur Aufnahme der Geschäftsprozesse in den indirekten Unternehmensbereichen: Jede beteiligte Funktion erhält eine Bahn
Shopfloormanagement	Führungsarbeit vor Ort zur nachhaltigen Implementierung der Verbesserung
SMART	Ziele sollten Spezifisch, Messbar, Akzeptabel, Realistisch und Terminiert sein
Tätigkeitsstrukturanalyse (TSA)	Analyse zur Ermittlung von Verschwendung in einzelnen Stellenclustern
Übergangszeit	Zeit zwischen Prozessschritten: Warte- Liege oder Suchzeit, in dieser Zeit wird nicht aktiv am Produkt gearbeitet
Verschwendung	Alles, was für die Erstellung von Produkten oder Leistungen nicht notwendig ist. Beispiel: Fehler, Nacharbeit, Rückfragen, Blindleistung
Werstromanalyse (WSA)	Aufnahme der Prozessschritte, die zur Erstellung einer Leistung für einen Kunden notwendig sind
Wertschöpfung	Tätigkeiten, durch die ein Mehrwert für einen Kunden generiert wird
Wertstromdesign (WSD)	Entwurf eines optimierten Sollprozesses

Index

Literatur

Dannemiller Tyson Associates: Whole-Scale Change: Unleashing the Magic in Organizations, ReadHowYouWant 2012

Doppler u.a. : Unternehmenswandel gegen Widerstände. Change Management mit den Menschen, Campus Verlag 2013

Kano, N.: Attractive Quality and Must-be Quality; Journal of the Japanese Society for Quality Control, H. 4, S. 39-48, 1984

Kotter, John P.: Leading Change: Wie Sie Ihr Unternehmen in 8 Schritten erfolgreich verändern, Vahlen Verlag, 2011

Leitner, Sebastian: So lernt man lernen: Der Weg zum Erfolg, Nikol Verlag 2011

Liker, Jeffrey K.: Praxisbuch Der Toyota Weg.Finanzbuchverlag, 2011

Ohno, Taiichi: Das Toyota-Produktionssystem, Campus Verlag, 2005

Rother, Mike: Die Kata des Weltmarktführers. Toyotas Erfolgsmethoden, Campus Verlag 2009

Sauerwein, Elmar: Das Kano-Modell der Kundenzufriedenheit: Reliabilität und Validität einer Methode zur Klassifizierung von Produkteigenschaften. Deutscher Universitätsverlag 2000

126

Watzlawick, Paul: Man kann nicht nicht kommunizieren. Huber Verlag, 2011

Wiegand, Bodo & Franck, Philip: Lean Administration I: So werden Geschäftsprozesse transparent. Die Analyse. Lean Management Institut, Version 3.0, September 2008

Womack, James.P und Jones, Daniel T.: Die zweite Revolution in der Autoindustrie , Campus Verlag 1992

Womack, James.P und Jones, Daniel T.: Lean Thinking: Ballast abwerfen, Unternehmensgewinn steigern, Campus Verlag 2013

Formulare und Checklisten

Formulare und Checklisten zum Buch stehen unter
www.saheb-consulting.de zum Download bereit ebenso wie im Blog
zum Buch unter www.lean-administration-schritt-fuer-schritt.de

Abbildungsverzeichnis

128

DAS TEAM

| **Kathrin Saheb** | **Paul Giraud** | **Rolf Müller** |
| **Autorin** | **Illustrationen** | **Praxisbericht** |

Kathrin Saheb :
Beraterin, Trainerin und Coach für Lean - und Change Management, Inhaberin der Saheb Consulting Düsseldorf.

www.saheb-consulting.de

Paul Giraud :
Illustrator und Zeichner aus Frankreich, lebt und arbeitet in Berlin.

paul.peintre@gmail.com

Rolf Müller :
Leiter Projektmanagement der Alstom Power GmbH, überzeugter Anwender von ‚Lean Administration'.